ChatGPT
在資訊科技的萬用技巧

數位新知 ——著

五南圖書出版公司 印行

序

　　書共分爲四篇，每篇都包含了多個章節，涵蓋了程式設計、網路行銷、資料處理以及一般應用等多個主題。我們力求將這些專業知識以清晰易懂的方式呈現，使每一位讀者都能夠從中獲得實用的技巧和啓發。

　　第一篇「程式設計篇」將帶領讀者深入了解ChatGPT在程式語言、演算法和資料結構中的應用。這些主題涵蓋了資訊科技的核心，並且ChatGPT在其中扮演了關鍵角色，幫助讀者更好地理解並應用這些知識。

　　接著，第二篇「網路行銷篇」將引導讀者探索ChatGPT在網路行銷、網頁設計以及搜尋引擎最佳化（SEO）領域的應用。在現今數位時代，網路行銷已經成爲了企業成功的重要關鍵，而ChatGPT所提供的智慧與靈活性，將有助於讀者在這個領域取得更多的成果。

　　第三篇「資料處理篇」則將聚焦於ChatGPT在資料處理以及PowerBI大數據分析中的應用。資料處理是資訊科技中不可或缺的一環，而PowerBI作爲強大的大數據工具，ChatGPT的應用也必將爲讀者提供全新的資料分析體驗。

　　最後，第四篇「一般應用篇」將介紹ChatGPT在實用外掛、Office應用、雲端應用以及電腦繪圖軟體中的應用範例。無論是日常工作還是創作，這些應用領域都是讀者發揮創意的樂園，而

ChatGPT的存在將爲各位開拓更多可能性。

　　此外，附錄A中整理了一些常見問題與解答，讓讀者可以更快地解決使用中的疑惑。而附錄B則推薦了一些實用的ChatGPT資源與工具，幫助讀者更深入地了解和應用ChatGPT技術。

　　在這裡，我想特別感謝所有協助撰寫這本書的人，沒有你們的支持和努力，這本書將無法完成。同時，我也要感謝每一位閱讀這本書的讀者，希望你們能從中受益，並將這些知識融入自己的工作和生活中。

　　雖然本書校稿過程力求無誤，唯恐有疏漏，如果您有任何對於本書的建議，都歡迎與我們分享。

目錄

第一篇　程式設計篇

第五章　ChatGPT與AI ……………………………… 85

第二篇　網路行銷篇

第六章　ChatGPT與網路行銷 ················· 113

第三篇   資料處理篇

第四篇　一般應用篇

第十二章　ChatGPT與外掛擴充功能 ⋯⋯⋯⋯ 245

第十四章　ChatGPT與雲端應用 ⋯⋯⋯⋯⋯⋯ 315

ChatGPT 簡介

在現代科技的快速發展下，人工智慧和聊天機器人已成為我們日常生活中不可或缺的一部分。而ChatGPT作為一款傑出的聊天機器人，已在人工智慧領域取得了重要的突破。它擅長於理解和生成自然語言，並能透過線上聊天的方式與人類進行互動。

本章除了介紹基本的ChatGPT功能，我們還將討論ChatGPT Plus帳號，這是一個付費服務，為用戶提供更多優勢和功能。我們將探索ChatGPT Plus的特點，包括更快速的回覆時間、優先訪問新功能的權利，以及額外的免費試用時間。

0-1 什麼是ChatGPT？

ChatGPT是由OpenAI所開發的大型語言模型，OpenAI是一家領先的人工智慧研究實驗室和公司，它在人工智慧的發展方面扮演著重要的角色。ChatGPT是基於人工智慧和機器學習技術，可以對人類自然語言進行理解和生成。其前身GPT-3.5是一個能夠自動完成文章和回答問題的語言模型，而ChatGPT的獨特之處在於其能夠進行人類般的對話。ChatGPT的開發的目的在解決人與機器之間的溝通問題，並且在客戶服務、健康照護、教育等領域中發揮重要作用。

OpenAI官網是了解ChatGPT的最佳入口。在這個網站上，您可以找

到ChatGPT的技術細節、產品應用、研究報告以及相關新聞等資訊。同時，您還可以在這裡訪問OpenAI的API，探索ChatGPT的實際應用。

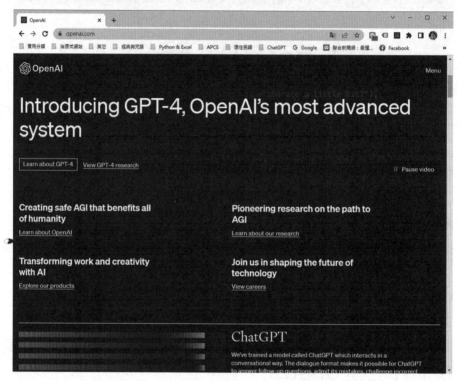

OpenAI官網：https://openai.com/

0-1-1 ChatGPT的原理

ChatGPT的原理基於深度學習技術，其主要是基於神經網路訓練得出的。ChatGPT可以透過學習和理解大量的人類對話來不斷提高其對話能力，從而更好地理解並產生人類自然語言。ChatGPT的訓練過程主要是透過大量的文字資料集，例如維基百科、語料庫等，然後透過多層的神經網路模型進行學習和訓練。

0-1-2 ChatGPT的應用

ChatGPT的應用非常廣泛，例如，在客戶服務中，ChatGPT可以擔任智慧客服的角色，幫助客戶快速解決問題，提高客戶滿意度。在健康照護方面，ChatGPT可以透過對話方式幫助醫生和病人進行交流，更好地理解病情，提高診斷準確率。在教育方面，ChatGPT可以作為教育輔助工具，幫助學生快速理解並學習課程內容。

0-1-3 GPT-3、GPT-3.5和GPT-4

ChatGPT的前身是GPT-3，這是OpenAI於2020年發布的一款基於深度學習的語言模型。GPT-3的規模巨大，擁有1.75萬億個參數，是當時最大的語言模型。GPT-3的成功使得OpenAI開始將其應用於更廣泛的領域，包括聊天機器人、文字自動摘要、網站生成等。

隨著對GPT-3的不斷研究和探索，OpenAI於2022年推出了GPT-3.5模型，它在GPT-3的基礎上進行了優化和升級。GPT-3.5模型擁有更高的精度和更快的速度，能夠更好地處理複雜的自然語言任務。

OpenAI於2023年3月14日推出了新一代的GPT-4，這款模型不僅能處理2.5萬單詞的長篇內容，是ChatGPT容量的8倍，使其在長篇內容創作、持續對話、文件搜尋和分析等應用情境中更為出色。此外，GPT-4還支援視覺輸入和圖像辨識，這是之前版本所不具備的功能。根據官方說明，GPT-4能夠透過圖像輸入的方式生成回答的內容，這使得它在多模態處理方面更加全面。除此之外，GPT-4在組織推理能力方面表現出色，超越了ChatGPT，展現出更強大的推理能力。

0-1-4 ChatGPT的未來

隨著人工智慧技術的不斷發展，ChatGPT將會有更廣泛的應用和發展。OpenAI已經開放了ChatGPT的API，讓開發者和企業可以更方便地使用ChatGPT的技術和服務。未來，ChatGPT將會更加智慧、更加人性化，成為人與機器之間無縫對話的關鍵技術之一。ChatGPT也可能被應用於更多的領域，例如自動編輯、自動翻譯、自動寫作等。

0-2 與ChatGPT進行第一次互動

在本節中，我們將引導您進行第一次與ChatGPT的互動，並進行ChatGPT帳號的註冊、提出第一個問題、更換聊天機器人以及登出ChatGPT等基本操作。

0-2-1 註冊免費ChatGPT帳號

首先，讓我們示範如何註冊免費的ChatGPT帳號。請先進入ChatGPT的官方網站，您可以在瀏覽器中輸入以下網址：https://chat.openai.com/。一旦進入官網，如果您還沒有帳號，可以直接點擊畫面上的「Sign up」按鈕，以註冊一個免費的ChatGPT帳號。

在註冊過程中，您可能需要提供一些基本的個人資訊，例如電子郵件地址和密碼，以便設立帳號。請確保提供的資訊準確且安全。完成註冊後，您將獲得一個個人的ChatGPT帳號，可以開始享受ChatGPT的功能和應用。

　　值得一提的是，ChatGPT的免費帳號可能會有一些使用限制，例如每月的使用時間限制或功能限制。若您希望享受更多高級功能和無限制的使用，可以考慮升級到付費方案，以獲得更完整的使用體驗。

　　藉由這個簡單的註冊流程，您即可擁有自己的ChatGPT帳號，並開始體驗其強大的語言處理功能。讓我們立即開始，探索ChatGPT所帶來的無窮可能性吧！

　　現在，請輸入您的電子郵件帳號。如果您已經擁有Google帳號或Microsoft帳號，您也可以透過這些帳號進行註冊和登入。輸入完成後，請按下「Continue」按鈕，以繼續進行註冊流程。

　　如果您選擇使用Google帳號或Microsoft帳號進行註冊，您可以點擊相應的按鈕進行帳號連接和驗證。這將為您提供更便捷的登入方式，無需額外輸入帳號和密碼。

　　註冊過程中，請確保輸入的電子郵件帳號準確無誤，以確保您能夠正確接收與ChatGPT相關的通知和資訊。

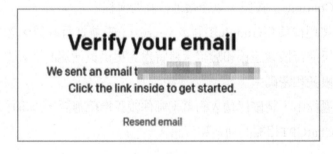

接著如果你是透過Email進行註冊，系統會要求使用者輸入一組至少8個字元的密碼作為這個帳號的註冊密碼。密碼輸入完畢後，再按下「Continue」鈕，會出現類似下圖的「Verify your email」的視窗。

接著各位請打開自己的收發郵件的程式，可以收到如下圖的「Verify your email address」的電子郵件。請各位直接按下「Verify email address」鈕：

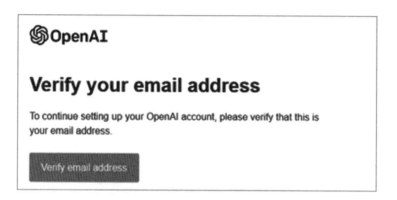

接著會直接進入到下一步輸入姓名的畫面，請注意，這裡要特別補充說明的是，如果你是透過Google帳號或Microsoft帳號快速註冊登入，那麼就會直接進入到下一步輸入姓名的畫面：

在輸入完您的姓名後，請繼續按下「Continue」按鈕。接下來，系統將要求您輸入個人的電話號碼，以進行身分驗證。這是一個非常重要的步驟，因為只有透過電話號碼的驗證，您才能使用ChatGPT的功能。

透過電話號碼的驗證是為了確保您的帳號安全性和身分真實性。一旦您按下「Send Code」按鈕，系統將向您的電話號碼發送一個驗證碼。您需要在指定的時間內輸入確認碼，以完成身分驗證流程。請注意，輸入正確的驗證碼是非常重要的，因為這將確保您可以順利使用ChatGPT的功能。請仔細輸入並確認驗證碼的準確性。

大概過幾秒後，各位就可以收到官方系統發送到指定號碼的簡訊，該簡訊會顯示6碼的數字。請在相應的輸入框中輸入您的電話號碼，確保準確無誤。完成輸入後，請記得按下「Send Code」按鈕，以發送驗證碼。

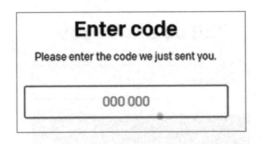

各位只要於上圖中輸入手機所收到的6碼驗證碼後，完成這一步驟後，您的ChatGPT帳號將成功完成註冊並通過身分驗證。

現在，您可以開始使用ChatGPT與其進行互動，體驗其強大的自然語言處理能力。如下圖所示：

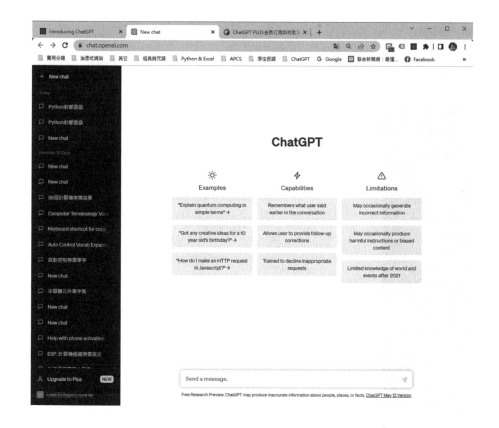

0-2-2 第一次提問ChatGPT就上手

一旦成功登入ChatGPT，您將進入開始畫面，它將向您提供關於ChatGPT的使用方式和指引。現在，讓我們一起學習如何提問，並在下方的對話框中輸入您感興趣的問題。請參考以下示範，以了解如何提問：

輸入問題：請問你的主要功能爲何？

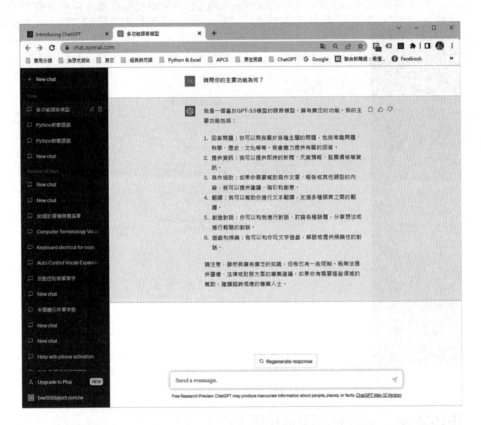

　　在對話框中，您可以直接輸入您的問題，ChatGPT將根據您的提問進行理解和回答。您可以試著提問各種不同的問題，無論是關於科學、歷史、技術還是其他領域的知識，ChatGPT都將努力提供有意義和相關的回答。

　　請記住，清晰明確地表達您的問題可以幫助ChatGPT更好地理解您的需求。避免使用模棱兩可或含糊不清的問句，這樣能夠獲得更準確和滿意的回答。

0-2-3 更換新的機器人

　　透過這種問答的方式，您可以持續與ChatGPT進行對話。如果您想結束當前的對話並重新開始，您可以點擊左側的「New Chat」按鈕。這可將ChatGPT重置到初始畫面並啓動一個新的對話模型。有趣的是，即使您輸入相同的問題，您可能會得到不同的回答。

　　透過重新開始對話，您可以獲得不同的觀點、想法和回答。這有助於探索ChatGPT的多樣性和創造性。您可以利用這種互動的方式，對特定主題進行更深入的探索，或者只是享受與ChatGPT的輕鬆對話。

　　無論您選擇探索哪個主題，請記住每次對話的結果可能會有所不同。ChatGPT的回答是基於其模型和訓練資料，因此即使是相同的問題，也可能會受到不同的因素影響而得出不同的回答。

0-2-4 登出ChatGPT

如果您想要登出ChatGPT，只需輕觸畫面中的「Log out」按鈕即可登出程式。登出ChatGPT可以確保您的帳號和資訊的安全性。當您不再需要使用ChatGPT時，登出是一個良好的習慣，特別是當您使用公共或共用的設備時。確保您在使用完畢後登出帳號，可以有效地保護您的隱私和資料安全。

請記得，在登出之前確認您已經完成了所需的操作和對話，以免遺失任何重要的資訊或未完成的任務。您可以隨時重新登入ChatGPT，以便再次使用其功能和服務。

0-3 關於ChatGPT Plus帳號

隨著ChatGPT用戶的快速增長，OpenAI於2023年2月1日推出了一個付費版服務，稱為ChatGPT Plus。這個訂閱方式的帳號服務每月收費20美元。

ChatGPT Plus提供了一些額外的優勢和特點，讓訂閱用戶能夠享受更好的使用體驗。訂閱用戶可以獲得更快的回應時間和更高的優先級提問，這意味著他們能夠更迅速地獲得ChatGPT的回答和支援。

此外，訂閱用戶還可以享受每月額外的免費試用時間。這讓他們能夠更廣泛地利用ChatGPT的功能和應用，並在更多情境下受益於其強大的語言處理能力。

0-3-1 ChatGPT Plus與免費版ChatGPT差別

ChatGPT Plus是付費版的ChatGPT服務，相比免費版，它提供了一些額外的優勢和功能。以下是ChatGPT Plus的主要特點：

1. 更快的回覆速度：ChatGPT Plus用戶可以享受更快速的回覆時間。這意味著他們的對話和互動會更加順暢，不需要等待太長的時間來獲得ChatGPT的回答。

2. 優先使用權限：ChatGPT Plus用戶擁有優先接觸新功能和更新的權利。他們可以首先體驗和使用ChatGPT的新特性，這使得他們能夠保持在技術的前端，並享受最新的改進和功能增強。

3. 額外的免費試用時間：訂閱ChatGPT Plus的用戶每月還可以獲得額外的免費試用時間。這使得他們能夠更廣泛地使用ChatGPT，探索其應用的多樣性和潛力。

透過ChatGPT Plus，用戶可以獲得更好的使用體驗和增值服務。這個付費方案不僅提供了更快速的回應時間，還為用戶提供了優先體驗新功能

的機會，以及額外的免費試用時間。如果您想了解更多關於ChatGPT Plus 的功能和優勢，您可以訪問以下網頁以獲取更詳細的說明：https://openai. com/blog/chatgpt-plus

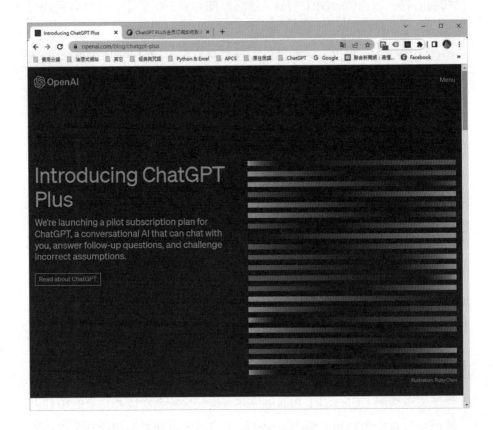

　　透過這個付費方案，您可以進一步提升您的ChatGPT體驗，並享受更多的便利和功能。

0-3-2 升級為ChatGPT Plus訂閱用戶

　　如果要升級為ChatGPT Plus可以在ChatGPT畫面左下方按下

「Upgrade to Plus」：

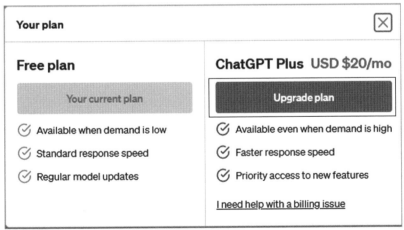

　　在下頁中填寫好相關的信用卡資料及帳單位址資訊後，就可以按下「訂閱」鈕完成ChatGPT Plus的升級服務。

第一篇　程式設計篇

## 第一章

ChatGPT 與程式語言

程式語言一直是資訊科技領域的核心基石，而ChatGPT作為一種革命性的自然語言處理模型，為程式設計帶來了嶄新的可能性。在本章中，我們將探索ChatGPT與程式語言的緊密結合，從程式語言的概述開始，深入研究如何使用ChatGPT進行程式設計，並透過各種實例示範ChatGPT在不同程式語言中的應用範例。這些內容將幫助您更深入地了解ChatGPT在程式設計領域的創新應用，讓您的程式開發能力達到新的高度。

1-1 程式語言概述

本小節將為您介紹程式語言的基本概念和種類。我們將深入探討各種程式語言的特點和適用場景，幫助您建立對程式語言的全面認識，為後續使用ChatGPT進行程式設計打下堅實基礎。

1-1-1 程式語言的種類

程式語言的發展歷程中，出現了各式各樣的語言，它們被分為高階語言和低階語言兩大類。高階語言更接近自然語言，使用更為方便和易懂，適合用於快速開發複雜應用。而低階語言則更接近計算機硬體的語言，具有更高的執行效率。

在本節中，我們將深入探討程式語言的特點，並介紹其中常見的代表性語言，如Python、JavaScript、C++等。

● Python

Python是一種高級、簡潔且易學易用的程式語言，具有眾多優勢，使其成爲廣泛使用的程式語言。以下是Python語言的幾個主要優勢：

1. 簡潔明確：Python的語法簡潔明確，使用類似英語的自然語言風格，讓程式碼易讀易懂。這使得初學者能夠快速入門並提高生產效率。

2. 跨平台：Python是跨平台的程式語言，可以在各種作業系統（例如Windows、macOS、Linux）上執行，這使得開發者可以輕鬆在不同平台上進行開發和部署。

3. 廣泛的支援函式庫：Python擁有龐大的開放原始碼函式庫和模組，如NumPy、Pandas、Matplotlib等，這些函式庫爲不同的領域提供了豐富的功能和工具，並加速開發過程。

4. 強大的社群支援：Python擁有一個活躍且支援良好的全球性社群。開發者可以在社群中尋求幫助、分享知識，並獲取豐富的學習資源。

5. 應用廣泛：Python適用於多種應用領域，包括Web開發、資料科學、人工智慧、機器學習、自然語言處理等。因此，Python是一個非常多功能且實用的語言。

總體而言，Python是一個強大且靈活的程式語言，它的簡潔性、易學性和廣泛的應用範圍使其成爲許多開發者和企業的首選語言。

● JavaScript

JavaScript是一種廣泛用於網頁開發的高階程式語言，具有許多優勢，讓它成爲網頁開發中不可或缺的語言。以下是JavaScript語言的幾個主要優勢：

1. 瀏覽器支援：JavaScript是一種在瀏覽器中執行的腳本語言，所有現代瀏覽器都支援JavaScript，使其成為前端網頁開發的基石。

2. 動態互動：JavaScript可以使網頁內容變得動態和互動。它可以透過改變HTML和CSS內容來回應使用者的操作，提供更豐富的使用者體驗。

3. 輕量高效：JavaScript是一種輕量且高效的語言，它在瀏覽器端執行，不需要額外的安裝或下載，並且可以快速加載和執行。

4. 豐富的函式庫和框架：JavaScript生態系統豐富多樣，有許多流行的函式庫和框架，如React、Angular、Vue.js等，這些工具使得網頁開發更容易、更高效。

5. 跨平台：除了在瀏覽器中執行，JavaScript也可以用於後端開發（Node.js），這使得JavaScript成為一種跨平台的語言，可以在前後端統一使用。

6. 社群支援：JavaScript擁有龐大的全球性社群，開發者可以從中獲得豐富的學習資源、解決問題，並參與開放原始碼項目。

　　總的來說，JavaScript的動態互動、輕量高效和豐富的生態系統使得它成為現代網頁開發的首選語言。無論是簡單的網頁動畫還是複雜的Web應用程式，JavaScript都能輕鬆應對並提供出色的用戶體驗。

● C++

　　C++是一種廣泛用於系統開發、遊戲開發、嵌入式系統等領域的高階程式語言，具有許多優勢，使其成為許多開發者的首選。以下是C++語言的幾個主要優勢：

1. 高效性：C++是一種編譯語言，編譯後的執行檔效能高，執行速度快，能夠有效地利用系統資源。這使得C++非常適合開發需要高性能的應用程式。

2. 物件導向：C++支援物件導向程式設計（OOP），這使得程式碼更具結構性和可重用性。物件導向的設計使得C++能夠更容易地組織和管理大型程式。

3. 多重繼承：C++是少數支援多重繼承的語言之一，這使得開發者能夠在一個類別中同時繼承多個父類別，提供更多靈活性和功能擴充性。

4. 跨平台：C++程式碼可以在不同的作業系統上執行，只需稍作調整即可實現跨平台開發，這使得C++成為開發跨平台應用程式的理想選擇。

5. 豐富的函式庫和工具：C++擁有豐富多樣的函式庫和工具，使得開發者能夠快速構建功能強大的應用程式。例如，STL（標準模板函式庫）提供了許多內置的資料結構和演算法。

6. 高度控制：C++允許開發者直接管理記憶體，這使得C++在嵌入式系統和系統層面開發中特別有用，可以實現高度的記憶體和資源控制。

總體而言，C++的高效性、物件導向設計、跨平台性和豐富的函式庫使其成為廣泛使用的程式語言。無論是開發高性能的遊戲、系統層面的應用程式，還是嵌入式系統，C++都能夠提供出色的效能和靈活性。

1-1-2 程式語言的適用場景

在資訊科技領域中，各種程式語言都擁有獨特的特點和優勢，並在不同的場景下發揮著重要的作用。有些語言專注於網頁開發，使得前端和後端的開發更加高效和靈活；而另一些語言則更適合處理龐大的資料，從而加速資料處理和分析過程。同時，還有特定的程式語言專注於遊戲開發，為遊戲設計師提供強大的開發工具。

舉例來說，Python作為一種高階程式語言，它具有優雅簡潔的語法和豐富的函式庫支援，因此在快速原型開發和資料科學領域表現優越。而Java則因其平台無關性和豐富的企業級函式庫而成為大型企業應用開發的首選。

　　另一方面，對於需要高性能和控制的場景，像C++在遊戲開發和系統程式設計方面具有顯著的優勢。而JavaScript作為一種瀏覽器端的腳本語言，則在前端網頁開發中扮演著重要角色。

　　因此，選擇適合的程式語言對於開發者來說至關重要。了解各種程式語言的適用場景和特點，可以幫助讀者在實際應用中做出明智的選擇。在面臨需求時，可以根據專案的性質、開發團隊的技能水平以及預期的性能要求來選擇最佳的程式語言，從而提高開發效率，節省時間和成本。

1-1-3 程式語言的發展趨勢

　　隨著科技的蓬勃發展，程式語言作為資訊科技的基石也在不斷演進和優化。新興的程式語言不斷涌現，並且現有語言也在不斷改進和擴充，以滿足日益增長的應用需求。在這一小節中，我們將為您全面介紹程式語言的發展趨勢，探討新興語言的特點和潛力，以及現有語言的最新進展。這將幫助讀者深入了解程式語言領域的最新動態，為自己的學習和技能提升做好充分的規劃。

● 新興程式語言的崛起

　　在資訊科技的快速發展中，新興程式語言不斷崛起，帶來了全新的程式開發方式和技術革新。例如，Rust作為一種系統程式語言，以其優越的內存安全性和高性能而受到矚目。它的出現為開發者提供了更好的系統級程式設計選擇，並在系統軟體和嵌入式系統領域展示出潛力。

　　另一方面，TypeScript是由微軟進行開發和維護的一種開放原始碼的程式語言。TypeScript是JavaScript的嚴格語法超集，提供了可選的靜態型別檢查，增加了靜態類型檢查和更多開發工具支援。TypeScript的崛起使得前端網頁開發更具可維護性和穩定性。

● 現有程式語言的持續改進

除了新興語言的崛起，現有的程式語言也在持續改進和擴充，以保持其競爭力並適應新的應用場景。例如，Python作為一種高階程式語言，持續發展其函式庫和框架，使其在人工智慧和機器學習等領域中成為領先的程式語言。

Java作為企業級應用開發的主力程式語言，也在不斷提高性能和效率，以滿足大型應用的需求。

● 未來發展方向的展望

程式語言的未來發展方向充滿了機遇和挑戰。人工智慧、大資料、區塊鏈等新興技術將為程式語言帶來新的挑戰和應用場景。因此，適應新技術的發展和學習新興程式語言將成為開發者在未來取得成功的關鍵。

未來，我們可以預見新的程式語言將不斷湧現，以滿足日益增長的應用需求。例如，隨著量子計算的發展，量子程式語言也將崛起，為量子計算和量子演算法提供更好的支援。

總而言之，程式語言的發展趨勢將持續蓬勃發展，並在科技的推動下不斷演進。了解這些趨勢，積極學習新的程式語言和技術，將使開發者能夠在快速變化的資訊科技領域中保持競爭優勢，並不斷創新和進步。

1-2 使用ChatGPT進行程式設計

程式設計一直是資訊科技領域中的核心技能，而隨著人工智慧技術的快速發展，ChatGPT作為一種強大的自然語言處理模型，正為程式設計帶來嶄新的可能性。在這一小節中，我們將帶領您進入使用ChatGPT進行程式設計的精彩世界。從基本程式碼的撰寫到進階功能的優化，我們將詳細解釋ChatGPT如何成為您的得力助手，協助您實現更快速、高效的程式開

發，同時節省寶貴的時間和精力。

1-2-1 撰寫基本程式碼

在這一小節中，我們將從基本開始，教您如何使用ChatGPT撰寫簡單的程式碼。無論您是初學者還是有一定程式設計經驗的開發者，我們將用清晰的範例和步驟來引導您，讓您迅速上手ChatGPT的程式設計功能。這將為您的程式設計技巧打下堅實的基礎，讓您能更輕鬆地掌握ChatGPT的應用。

提示詞（**Prompt**）：

請以任何一種程式語言幫忙寫一支九九乘法表的程式

ChatGPT回答畫面：

當然！我們可以用Python來寫一支簡單的九九乘法表程式。以下是Python程式碼：

```python
def multiplication_table():
    for i in range(1, 10):
        for j in range(1, 10):
            result = i * j
            print(f"{i} x {j} = {result}")
        print()  # 每個數字的九九乘法表之間加一個空行


if __name__ == "__main__":
    multiplication_table()
```

將以上程式碼保存為一個Python檔案（例如 `multiplication_table.py`），執行後，將會在終端機或命令提示字元中顯示出九九乘法表。程式會依序輸出1乘1至9乘9的結果，並以空行分隔每個數字的九九乘法表。

1-2-2 優化程式碼

　　程式碼的優化是程式設計中至關重要的一環，它可以使您的應用執行更快、更節能，同時提高程式碼的可讀性和可維護性。在這一節中，我們將深入探討如何使用ChatGPT進行程式碼的優化。ChatGPT可以透過智慧化的方法，幫助您找到最佳的程式設計解決方案，並快速優化您的程式碼。這將使您的應用達到更高的性能水平，同時提升開發效率。

提示詞（**Prompt**）：

請優化底下的程式：

```python
# 九九乘法表的雙重迴圈
for i in range(1,10):
    for j in range (1,10):
        print('{0}*{1}={2:2d}  '.format(i,j,i*j), sep='\t',end='')
        if j>=7:
            break #設定跳出的條件
    print('\n--------------------------------------------------------\n')
```

ChatGPT回答畫面：

您的程式碼已經相當不錯！這裡我稍作優化，讓九九乘法表在輸出上更整齊一些。同時，我們可以使用 `range(1, 10)` 來限制只顯示1到9的九九乘法表，這樣就不需要 `if j>=7` 的條件了。

這是優化後的程式碼：

```python
# 九九乘法表的雙重迴圈
for i in range(1, 10):
    for j in range(1, 10):
        result = i * j
        print(f"{i} * {j} = {result:2d}\t", end='')
    print('\n----------------------------------------\n')
```

這樣輸出的九九乘法表會更整齊，每個乘法子都會佔據相同的寬度，並以 `-----------` 分隔。這使得表格更易於閱讀和理解。

1-2-3 ChatGPT在程式設計中的創新應用

在這一小節中，我們將透過實例示範ChatGPT在程式設計中的創新應用。無論是自動生成程式碼還是協助解決複雜的演算法問題，ChatGPT都展現出驚人的應用潛力。我們將帶您深入了解ChatGPT在不同程式設計領域的創新應用，啟發您在程式設計中的創造力，並挖掘全新的開發可能性。

● **ChatGPT自動生成程式碼的創新應用**

在傳統的程式設計中，開發人員需要手動編寫程式碼來實現所需功

能。然而,這種傳統方法在處理複雜問題時可能非常耗時且容易出錯。而ChatGPT的出現為我們帶來了一種全新的解決方案。

ChatGPT可以透過接收自然語言描述來生成相應的程式碼。這使得程式開發變得更加高效且容易上手,尤其對於初學者而言,進入程式設計領域變得更加輕鬆。且隨著GPT-3.5的語言理解能力不斷提升,ChatGPT在生成程式碼的準確性和可讀性上也有了明顯的進步。

舉例來說,一個開發人員可能需要寫一個函數來計算兩個數字的最大公因數(GCD)。在傳統的方式中,他們需要了解並使用相關的演算法。然而,使用ChatGPT,開發人員只需要描述要解決的問題,像這樣:

「寫一個函數來計算兩個數字的最大公因數。」

ChatGPT就能根據這樣的描述自動生成相應的程式碼,節省了開發人員研究演算法的時間,並使他們能更專注於應用層面的開發。

然而,值得注意的是,ChatGPT生成的程式碼仍然需要開發人員進行審查和測試。儘管GPT-3.5在語言處理方面有很大的進步,但它還是有可能產生錯誤或不完整的程式碼。因此,開發人員需要在使用ChatGPT生成的程式碼前,仔細檢查和修改以確保其正確性。

ChatGPT在自動生成程式碼方面的創新應用不僅提高了程式開發的效率,也擴充了程式設計領域的可能性。未來,隨著ChatGPT和相關技術的不斷改進,我們有理由相信自動程式碼生成將成為程式設計的一個重要領域,為開發人員帶來更多便利和可能性。

● ChatGPT協助解決複雜演算法問題的創新應用

除了自動生成程式碼,ChatGPT在協助解決複雜演算法問題方面也展現出令人驚嘆的創新應用。演算法是程式設計的核心,用於解決各種問

題，例如排序、搜索、圖形演算法等。然而，有些演算法可能非常複雜，對於開發人員來說，理解和實現它們可能會是一個挑戰。

ChatGPT的語言處理能力使其能夠理解和解釋複雜的演算法，並以自然語言的形式解釋給開發人員。這為開發人員提供了一個更直觀和易於理解的方法來學習和應用複雜演算法。

舉例來說，假設一個開發人員想要了解Dijkstra演算法的工作原理，以解決最短路徑問題。他可以透過ChatGPT提問，像這樣：

「請解釋Dijkstra演算法的工作原理。」

ChatGPT就能夠以自然語言的方式解釋Dijkstra演算法的運作過程，包括如何找到最短路徑以及其在圖形問題中的應用。這樣，開發人員就能夠更快地理解並應用Dijkstra演算法，節省了研究的時間。

然而，值得注意的是，ChatGPT只能提供演算法的解釋和理解，而不是直接實現演算法。實現演算法仍然需要開發人員的技術知識和編碼能力。因此，ChatGPT的應用在這方面主要是為開發人員提供學習和理解的輔助工具。

總結來說，ChatGPT在協助解決複雜演算法問題方面的創新應用為開發人員提供了一種更直觀和便利的學習和理解方式。它可以幫助開發人員更快地理解演算法的原理和應用，從而提高他們的問題解決能力和開發效率。

● 探索ChatGPT在程式設計中的創造力與開發可能性

ChatGPT的創新應用在程式設計領域已經為開發人員帶來了許多便利和新的開發可能性。首先，ChatGPT可能成為程式設計教育的革新工具。對於初學者來說，學習程式設計可能會面臨諸多挑戰，尤其是當他們尚未

熟悉程式語法和演算法時。ChatGPT的自然語言處理能力使得開發人員可以用更直觀的方式提問並獲得解答，這有助於初學者更輕鬆地理解程式設計的基礎知識。

其次，ChatGPT在程式碼語意理解方面的改進也可能帶來更智慧的程式開發工具。例如，ChatGPT可能會在程式碼編輯器中提供更有價值的程式建議，幫助開發人員更快地找到並修復錯誤，提高開發效率。

此外，ChatGPT可能在程式設計的協作和團隊合作中發揮更大的作用。它可以成為開發團隊溝通的工具，使得開發人員能夠更容易地共享想法和解決問題。

然而，隨著ChatGPT的廣泛應用，也必須注意相關的挑戰和風險。例如，自動生成的程式碼可能存在漏洞和安全風險，需要開發人員進行嚴格的檢查和測試。同時，ChatGPT也需要不斷改進和訓練，以提高其準確性和可靠性。

雖然說，ChatGPT在程式設計中的創新應用不僅改進了程式開發的效率和易用性，也為程式設計領域帶來了更多可能性。然而，我們仍然需要持續探索和發展ChatGPT的應用，並保持對相關挑戰的警覺性，以確保其在程式設計領域的安全和可持續性發展。

1-3 ChatGPT在不同程式語言中的應用範例

每一種語言都擁有其獨特的特點和優勢。ChatGPT作為一個自然語言處理模型，可以融合不同程式語言的優點，並為開發者提供全新的程式設計體驗。無論您熟悉Python、Java、C++還是其他流行的程式語言，本節將示範ChatGPT啟發您在您在這些語言中創新思維，並探索全新的開發可能性。

1-3-1 ChatGPT在Python中的應用範例

Python作爲一種廣泛使用的高階程式語言，其簡潔而易讀的語法使其成爲許多開發者的首選。在這一節中，我們將示範ChatGPT在Python中的應用範例，從自動化任務到自然語言處理，ChatGPT在Python中展現出的多樣化應用將爲您帶來全新的程式開發體驗。例如：

提示詞（Prompt）：

請以Python示範如何以遞迴方式來輸出費伯那序列。

ChatGPT回答畫面：

費伯那序列（Fibonacci sequence）是一個由0和1開始的數列，之後的數字都是前兩個數字的和。遞迴是一種將問題分解成更小問題的方法，因此遞迴方式可以很自然地用來計算費伯那序列。

以下是使用Python遞迴方式輸出費伯那序列的示範：

```python
def fibonacci_recursive(n):
    if n == 0:
        return 0
    elif n == 1:
        return 1
    else:
        return fibonacci_recursive(n-1) + fibonacci_recursive(n-2)

def print_fibonacci_sequence(length):
    for i in range(length):
        print(fibonacci_recursive(i), end=' ')

if __name__ == "__main__":
    sequence_length = 10  # 設定要輸出的費伯那序列長度
    print_fibonacci_sequence(sequence_length)
```

1-3-2 ChatGPT在Java中的應用範例

　　Java作為一種優秀的物件導向程式語言，被廣泛應用於企業級應用和Android開發等領域。例如：

提示詞（**Prompt**）：

　　請以Java示範如何顯示小時和分鐘？

ChatGPT回答畫面：

在Java中，你可以使用 `java.time` 包中的 `LocalTime` 來顯示小時和分鐘。以下是示範如何使用Java來顯示當前的小時和分鐘：

```java
import java.time.LocalTime;
import java.time.format.DateTimeFormatter;

public class DisplayTime {
    public static void main(String[] args) {
        // 取得當前時間
        LocalTime currentTime = LocalTime.now();

        // 顯示小時和分鐘
        int hour = currentTime.getHour();
        int minute = currentTime.getMinute();
        System.out.println("當前時間：" + hour + "時" + minute + "分");

        // 另一種格式化輸出
        DateTimeFormatter formatter = DateTimeFormatter.ofPattern("HH:mm");
        String formattedTime = currentTime.format(formatter);
        System.out.println("當前時間（格式化）：" + formattedTime);
    }
}
```

1-3-3 ChatGPT在C++中的應用範例

　　C++具有高效的執行速度和豐富的函式庫支援，被廣泛應用於系統開發和遊戲開發等領域。在這一節中，我們將示範ChatGPT在C++中的應用範例，從智慧演算法的實現到圖形處理的優化，ChatGPT將為C++程式設計帶來全新的可能性和效能提升。

提示詞（**Prompt**）：

　　請以C++示範如何從1到100間隨機輸出6組數字。

ChatGPT回答畫面：

在C++中，你可以使用`<random>`頭文件中的隨機數生成器來產生1到100之間的隨機數。以下是示範如何輸出6組1到100之間的隨機數：

```cpp
#include <iostream>
#include <random>

int main() {
    // 使用隨機數生成器引擎
    std::random_device rd;
    std::mt19937 gen(rd());
    std::uniform_int_distribution<int> dis(1, 100);

    const int numSets = 6;    // 設定要輸出的數字組數
    const int numPerSet = 6;  // 每組輸出數字的個數

    for (int i = 0; i < numSets; i++) {
        std::cout << "組" << i + 1 << ": ";
        for (int j = 0; j < numPerSet; j++) {
            int randomNumber = dis(gen);
            std::cout << randomNumber << " ";
        }
        std::cout << std::endl;
    }

    return 0;
}
```

1-3-4 其他程式語言中的ChatGPT應用

除了Python、Java和C++，還有眾多程式語言在軟體開發和應用中扮演著重要角色。在這一節中，我們將探索ChatGPT在其他程式語言中的應用範例，例如JavaScript、Go、Ruby等，這些實例將示範ChatGPT在不同語言中的適用性和潛力，幫助您了解ChatGPT的廣泛應用價值。

提示詞（**Prompt**）：

請以Go示範如何計算1～50間所有奇數的平方和。

ChatGPT回答畫面：

在Go中，你可以使用一個for迴圈來計算1到50間所有奇數的平方和。以下是示範如何進行計算：

```go
package main

import "fmt"

func main() {
    var sumOfSquares int
    for i := 1; i <= 50; i += 2 {
        sumOfSquares += i * i
    }
    fmt.Printf("1到50間所有奇數的平方和為：%d\n", sumOfSquares)
}
```

這段程式碼會初始化一個變數 `sumOfSquares` 用於存儲奇數的平方和。然後，使用for迴圈遍歷1到50間的奇數（步長為2，這樣只會遍歷奇數），將每個奇數的平方加入 `sumOfSquares` 中。最後，輸出計算結果。

執行這段程式碼的輸出結果會是：

```
1到50間所有奇數的平方和為：48125
```

這是1到50間所有奇數（包括1和50）的平方和。

透過這些具體的程式語言應用範例，您將深入了解ChatGPT在不同語言中的優勢和特點，透過ChatGPT可以啓發您在程式設計中的創新思維。

## 第二章

ChatGPT 與演算法

　　隨著技術的發展，我們見證了AI如何與演算法相互影響和結合。ChatGPT是其中一個出色的例子，不僅呈現了語言模型的力量，還呈現了如何利用演算法進行優化。在本章中，我們將深入探討演算法的基礎知識，並揭露ChatGPT是如何優化和應用於各種演算法。

2-1 演算法基礎知識

　　在探索任何技術與其應用之前，了解其基礎是至關重要的。這一小節將帶您深入了解演算法的核心概念，從基礎的定義到它在現實世界中的應用。

2-1-1 演算法的基本定義與特性

　　演算法可以被視為是一系列解決問題或執行任務的指令步驟，它們是計算機科學的基礎，為我們提供了處理資料和自動化處理的方法。演算法的應用範圍涵蓋了幾乎所有現代科技領域，包括人工智慧、機器學習、網路搜尋、圖像處理、資料分析等。本節將深入探討演算法的基本定義、特性，以及它們對現實世界的重要性。

　　首先，讓我們了解演算法的基本定義。演算法是一系列清晰、明確的指令步驟，旨在解決特定問題或完成特定任務。這些指令步驟必須是可行的且可以在有限的時間內執行。演算法可以用來解決各種問題，例如排序資料、搜尋特定項目、最優化問題等。它們是計算機科學中最基本的概念之一，因為它們是計算機處理任務的基礎。

　　如果運用於電腦科學領域中，我們把演算法定義成：「為了解決某一個工作或問題，所需要有限數目的機械性或重覆性指令與計算步驟」。其實日常生活中有許多工作都可以利用演算法來描述，例如員工的工作報告、寵物的飼養過程、學生的功課表等。認識了演算法的定義後，我們還要說明演算法必須符合的下表的五個條件。

演算法特性	說明
輸入（Input）	零個或多個輸入資料，這些輸入必須有清楚的描述或定義
輸出（Output）	至少會有一個輸出結果，不可以沒有輸出結果
明確性（Definiteness）	每一個指令或步驟必須是簡潔明確而不含糊的
有限性（Finiteness）	在有限步驟後一定會結束，不會產生無窮迴路
有效性（Effectiveness）	步驟清楚且可行，能讓使用者用紙筆計算而求出答案

　　演算法在各行各業都有廣泛的應用。例如，在資料科學領域，演算法用於分析和處理大量資料，從中提取有價值的資訊和模式。在人工智慧領域，機器學習演算法使用資料來訓練模型，使機器能夠自動學習並進行預測。在網路搜尋引擎中，演算法用於確定搜尋結果的排名和相關性。在圖像處理領域，演算法用於識別和分析圖像中的對象和模式。演算法的這些應用不僅提高了效率，還改變了我們生活的方方面面。

CHAPTER

2

　　總結來說，演算法是現代科技的基石，它們是解決問題和執行任務的指令步驟。演算法具有確定性、有限性、輸入和輸出以及效率等特性。它們在資料科學、人工智慧、網路搜尋、圖像處理等領域中發揮著重要作用，推動了科技的不斷進步和創新。

2-1-2 常見的演算法類型及其應用

　　演算法是計算機科學的核心，涵蓋了多種類型和應用。在這一節中，我們將介紹一些常見的演算法類型，以及它們在不同領域的應用。

● 排序演算法

　　排序演算法是將一組元素按照特定條件進行排序的演算法。常見的排序演算法包括氣泡排序、插入排序、選擇排序、合併排序和快速排序等。這些演算法在資料庫管理、搜尋引擎、資料分析等領域中被廣泛使用，以提高資料處理效率。

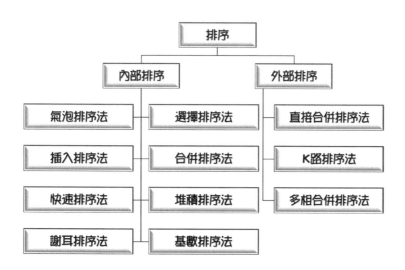

● 搜尋演算法

搜尋演算法用於在資料集合中搜尋特定項目。常見的搜尋演算法包括線性搜尋、二分搜尋和雜湊表等。這些演算法在資料庫查詢、網路搜尋、遊戲開發等領域中扮演著重要角色。

● 圖形理論演算法

圖形理論演算法用於處理圖形結構，如圖形的搜尋、最短路徑、最小

生成樹等問題。這些演算法在網路路由、交通規劃、社交網路分析等領域中具有重要意義。

● 優化演算法

優化演算法用於找到最優解或接近最優解的問題。常見的優化演算法包括遺傳演算法、螞蟻演算法等。這些演算法在機器學習、人工智慧、供應鏈管理等領域中被廣泛應用。

● 分治演算法

分治演算法將一個複雜的問題分成多個簡單的子問題來解決。常見的分治演算法包括合併排序、快速排序等。這些演算法在平行計算、大數據處理等領域中發揮著關鍵作用。

2-1-3 演算法在人工智慧和機器學習中的應用

人工智慧和機器學習是當今科技領域的熱點，而演算法在其中扮演了關鍵角色。在這一節中，我們將深入探討演算法在人工智慧和機器學習中的應用。

● 監督式學習

監督式學習是機器學習中的一個重要分支，它使用標記的資料對模型進行訓練，以使其能夠對新的未標記資料進行預測。在監督式學習中，演算法如決策樹、支持向量機、神經網路等被廣泛應用。這些演算法在圖像識別、自然語言處理、醫學診斷等領域中取得了顯著的成就。

● 非監督式學習

非監督式學習是另一個重要的機器學習分支，它不使用標記的資

料，而是從資料中尋找模式和結構。在非監督式學習中，演算法如K均值聚類、主成分分析等被廣泛應用。這些演算法在市場分析、社交網路分析、圖像壓縮等領域中具有重要作用。

● 強化學習

強化學習是透過與環境進行互動，學習適合的行動來最大化獲取的獎勵的一種學習方式。在強化學習中，演算法如Q學習、深度強化學習等被廣泛應用。這些演算法在遊戲智慧、機器人控制、自動交易等領域中具有重要意義。

● 生成對抗網路（GAN）

GAN是一種特殊的機器學習演算法，由兩個神經網路組成，分別是生成器和判別器。生成器用於生成假資料，而判別器用於區分真實資料和假資料。這些演算法在圖像生成、音訊合成、遊戲開發等領域中取得了令人矚目的成就。

總結來說，演算法在人工智慧和機器學習中扮演著關鍵角色。監督式學習、非監督式學習、強化學習以及生成對抗網路等演算法在各自領域中得到廣泛應用，推動了科技的飛速發展，帶來了更多智慧化的應用和服務。

2-2 使用ChatGPT優化演算法

ChatGPT不僅是一個強大的語言模型，它還可以作為工具來優化其他演算法。在這一小節中，我們將探索如何結合ChatGPT的能力來提升演算法的效率和精確性。

2-2-1 ChatGPT簡介及其在優化演算法中的應用

　　ChatGPT是一種自然語言處理模型，它使用深度學習技術來理解和生成文字。它是透過對大量文字資料進行預訓練而得到的，使得它具有豐富的知識和語言表達能力。ChatGPT可以接受使用者的輸入並產生相應的回答，同時還能進行語言理解和推理，使得它在對話和任務執行方面具有很高的靈活性和效率。

　　ChatGPT在優化演算法方面具有潛力。首先，ChatGPT可以作為一個強大的搜尋引擎，幫助改進演算法。當我們面對一個複雜的問題時，ChatGPT可以幫助我們找到適合的演算法或方法來解決問題。它可以理解我們的需求，並提供相關的演算法建議，節省了我們尋找適合解決方案的時間。

　　其次，ChatGPT可以用於優化演算法的參數調整。對於一些需要進行參數調整的演算法，我們通常需要進行大量的實驗和嘗試，以找到最佳的參數組合。ChatGPT可以幫助我們進行自動化的參數搜尋，透過與模型的對話，找到最佳的參數組合，從而提高演算法的性能和效率。

2-2-2 ChatGPT在優化演算法中的實際應用

　　ChatGPT在優化演算法中有多種實際應用。以下將介紹其中幾個例子：

● 問題求解：

　　ChatGPT可以用作求解複雜問題的輔助工具。當我們面對一個棘手的問題時，我們可以與ChatGPT進行對話，描述問題的背景和要求，然後ChatGPT可以提供可能的解決方案或相關的演算法，幫助我們找到解決方

案的線索。

提示詞（Prompt）：

　　我想從隨機100個數字中挑出出現次數最高的3個數字，請問有何方法可以幫忙做到？

ChatGPT回答畫面：

 若你想從隨機的100個數字中挑出出現次數最高的3個數字，以下是一種使用 Python 的方法：

```python
from collections import Counter

# 假設你有一個包含100個隨機數字的列表
numbers = [隨機生成或輸入的數字]

# 使用 Counter 來計算每個數字的出現次數
count = Counter(numbers)

# 找出前三名的數字和它們的出現次數
top_three = count.most_common(3)

print(top_three)
```

這樣你就可以得到出現次數最高的前三個數字以及它們的出現次數。

如果你需要隨機生成100個數字作為範例，你可以使用 `random` 模塊：

```python
import random

numbers = [random.randint(1, 100) for _ in range(100)]
```

這將生成一個包含1到100（包含兩個邊界）之間隨機數字的列表。

● 優化演算法選擇：

ChatGPT可以幫助我們選擇適合的演算法。在處理特定問題時，我們通常有多種演算法可以選擇。ChatGPT可以幫助我們對這些演算法進行比較和評估，從而找到最適合的演算法來解決問題。

提示詞（Prompt）：

如果待排序的數字正好由大到小，如果希望能由小到大排序，這種情況下哪一種排序法較有效率？

ChatGPT回答畫面：

如果待排序的數字正好由大到小排列，且希望能由小到大排序，這樣的情況下稱作「逆序」。不同的排序算法對於逆序的數據有著不同的性能表現。

以下是對於逆序輸入在不同排序算法中的表現：

1. **氣泡排序 (Bubble Sort)**：對於逆序數據，氣泡排序的效能是最差的。每一次的比較和交換都是必須的，所以它的時間複雜度仍然是 $O(n^2)$。

2. **選擇排序 (Selection Sort)**：逆序的情況不會特別影響選擇排序的效率，因為它總是嘗試找到未排序部分的最小值。其時間複雜度仍為 $O(n^2)$。

3. **插入排序 (Insertion Sort)**：對於完全逆序的數據，插入排序會在每次迭代時都做最大的移動，所以它的時間複雜度在這種情況下也是 $O(n^2)$。

4. **快速排序 (Quick Sort)**：對於完全逆序的輸入，如果快速排序使用最簡單的選擇最後一個元素作為基準點的方法，那麼它的效能會是非常差的，也會達到 $O(n^2)$ 的時間複雜度。但如果使用隨機選擇或者"median-of-three"策略，可以大大提高效率。

5. **合併排序 (Merge Sort)**：合併排序不受輸入順序的影響，無論是逆序、隨機還是部分有序，它的時間複雜度都是 $O(n \log n)$。

6. **堆排序 (Heap Sort)**：對於逆序輸入，堆排序需要做額外的工作以建立初始的堆。但即使在這種情況下，它的時間複雜度仍然是 $O(n \log n)$。

考慮到上述分析，對於完全逆序的情況，**合併排序**和**堆排序**是相對穩定和高效的選擇。如果選擇使用快速排序，則應選擇合適的基準點選擇策略以確保效率。

2-2-3 ChatGPT的局限性及未來展望

雖然ChatGPT在優化演算法方面具有很大的潛力，但它也有一些局限性需要考慮。首先，ChatGPT是一個基於預訓練的模型，它的性能受到預訓練資料的質量和多樣性的影響。如果預訓練資料缺乏某些特定領域的資訊，那麼在該領域中的優化效果可能不如預期。

其次，ChatGPT的能力有限。儘管ChatGPT在自然語言理解和生成方面表現出色，但它仍然無法完全替代人類專家。在一些特定領域或極其專業的問題上，ChatGPT可能無法提供準確和可靠的優化建議。

未來，隨著深度學習和自然語言處理技術的不斷發展，ChatGPT的能力將不斷提高，並且在更多領域實現更有效的優化。同時，更多的研究和應用也將進一步擴展ChatGPT在優化演算法中的應用範圍。

總之，ChatGPT可以幫助我們優化演算法的參數調整，求解複雜問題，優化演算法選擇等。儘管存在一些局限性，但隨著技術的發展和應用的擴展，我們可以期待ChatGPT在優化演算法方面的更多應用和成就。

2-3 ChatGPT在不同演算法中的應用範例

在本小節，我們將呈現幾個實際的範例，說明ChatGPT如何在不同的演算法中被成功地應用和實現。

2-3-1 ChatGPT在圖像處理中的應用

圖像處理是一個重要的領域，涵蓋了圖像分類、物體檢測、圖像生成等多個任務。ChatGPT在圖像處理中的應用主要集中在圖像描述生成和圖像生成任務。

在圖像描述生成方面，ChatGPT可以透過與圖像處理模型的對話，幫助生成更精確和有意義的圖像描述。傳統的圖像描述生成模型往往只能生成一個固定的描述，而ChatGPT具有更強大的語言生成能力，可以根據使用者的指示生成多樣性和個性化的圖像描述。例如，使用者可以透過與ChatGPT對話，要求生成有趣的、詩意的、或者具有特定風格的圖像描述，從而豐富了圖像處理的應用情境。

2-3-2 ChatGPT在自然語言處理中的應用

自然語言處理（NLP）是ChatGPT的擅長領域之一，它在NLP中有著廣泛的應用。ChatGPT可以用於文字分類、情感分析、文字生成等多個NLP任務中。

在文字分類方面，ChatGPT可以透過對文字內容的理解，幫助進行更準確的文字分類。傳統的文字分類模型通常需要大量的特徵工程和預處理，而ChatGPT可以直接處理原始文字，並根據文字的內容和上下文進行分類，從而提高了文字分類的效率和準確性。

在情感分析方面，ChatGPT可以幫助對文字情感進行更細緻和深入的分析。傳統的情感分析模型往往只能檢測文字的正面或負面情感，而ChatGPT可以根據文字的情感內容進行更詳細的情感分析，包括情感強度、情感類型等，從而提供更全面的情感理解。

在文字生成方面，ChatGPT可以透過生成具有上下文和邏輯的自然語言文字。傳統的文字生成模型通常只能生成固定長度的文字，而ChatGPT可以根據使用者的需求和指示生成任意長度和主題的文字，使得文字生成更具靈活性和可定制性。

提示詞（**Prompt**）：

　　請寫一篇300字關於父愛的偉大的短文。

ChatGPT回答畫面：

 父愛的偉大：無言的奉獻

在眾多情感的海洋中，父愛經常被描述為深沉、寧靜而又堅定。它不像母愛那般溫暖、濃烈，但它的深度和力量，常常超乎我們的想像。

我們經常聽到關於母愛的故事，但父愛往往在無言中展現。那是每天早上第一個醒來，為家庭籌劃生計的男人；那是無論風雨如何，都堅守在自己崗位的男人。他們不常說"我愛你"，但他們的每一次汗水、每一次辛勞，都是對家人最真摯的愛的表現。

我還記得，小時候，每當遇到困難，我總會找到爸爸。他不會像媽媽那樣細心安慰我，但他總是給我最實在的建議和方案。當我失落、挫敗時，他會告訴我："人生就是這樣，我們不能選擇遇到的困難，但我們可以選擇面對它的態度。"這些話，成為了我成長的座右銘。

父愛如山，厚重而穩固。他們不會因為我們的任何錯誤而改變對我們的愛。我曾經反叛、頑固，但爸爸總是用他的方式，告訴我什麼是正確的，什麼是錯誤的。他的眼神，充滿了期待和不放棄。每當我做出正確的選擇，他那明亮的眼睛，都是對我最好的獎賞。

在我成長的道路上，爸爸的身影像一座山，時刻守護著我。他教我堅韌不拔、不畏困難。他的每一次鼓勵、每一次指點，都成為了我前進的動力。

當我長大成人，開始為家庭付出時，我更加明白了父愛的偉大。那種為了家庭不計回報的奉獻，那種對孩子深深的期待和愛，都讓我深深地感動。

總之，父愛是一種無言的奉獻，是一種深沉而又堅定的情感。它不在於言語，而在於行動。在這裡，我要感謝所有的爸爸，感謝他們對家庭的奉獻，感謝他們給予我們的愛和關懷。父愛，真的很偉大。

2-3-3 ChatGPT在優化演算法中的應用

除了在圖像處理和自然語言處理中的應用，ChatGPT還可以在優化演算法方面發揮重要作用。ChatGPT可以作為一個優化工具，幫助改進其他演算法的效率和性能。

在參數調整方面，ChatGPT可以透過與演算法的對話，找到最佳的參數組合。傳統的參數調整方法通常需要進行大量的實驗和嘗試，而ChatGPT可以根據對演算法的理解，給出最合適的參數建議，從而節省了調參的時間和資源。

在問題求解方面，ChatGPT可以幫助解決複雜問題。傳統的問題求解方法通常需要深入的領域知識和專業經驗，而ChatGPT可以透過與使用者的對話，理解問題的背景和要求，給出相應的解決方案和建議，從而幫助使用者解決問題。

總之，ChatGPT在不同演算法中都有著廣泛的應用。它可以幫助優化圖像處理任務中的圖像描述生成和圖像生成，提高圖像處理的效率和精確性。同時，ChatGPT在自然語言處理方面也有著多種應用，包括文字分類、情感分析和文字生成等。此外，ChatGPT還可以作為一個優化工具，幫助改進其他演算法的效率和性能。隨著技術的不斷發展，我們可以期待ChatGPT在更多領域的應用和創新。

CHAPTER

2

## 第三章

ChatGPT 與資料結構

在這一章中，我們將探索ChatGPT與資料結構之間的關係。資料結構是計算機科學中非常重要的概念，它是組織和儲存資料的方法，對於有效地處理資料和解決問題至關重要。在本章中，我們將首先簡要介紹常見的資料結構，然後探討ChatGPT在資料結構操作中的應用，最後透過範例呈現ChatGPT在不同資料結構中的應用，帶來更深入的理解和啓發。

3-1 常見資料結構概述

在這一節中，我們將介紹陣列、鏈結串列、堆疊、佇列和雜湊表等常見的資料結構，並簡要說明它們的特點和應用場景。這些資料結構在計算機科學和軟體開發中使用廣泛，對於理解ChatGPT在資料結構操作中的應用非常重要。

3-1-1 陣列與鏈結串列

陣列是一種線性資料結構，它由一系列連續的元素組成，這些元素在記憶體中佔用連續的位置。它具備底下幾種特性：

● 固定大小：當陣列被建立時，它的大小就已經確定，不能動態地增加或減少。

- 隨機存取：可以使用索引在常數時間內存取任何元素。
- 連續的記憶體位置：陣列的所有元素都存儲在連續的記憶體位置上。
- 插入和刪除操作的成本較高：因爲需要移動元素以保持元素的連續性。

　　而鏈結串列（Linked List）是一種線性資料結構，由一系列節點組成。每個節點包含一個資料元素和一個指向下一個節點的指標。它具備底下幾種特性：

- 動態大小：鏈結串列的大小可以在執行時動態地增加或減少。
- 順序存取：要存取鏈結串列中的元素，需要從頭節點開始並遵循指標直到所需的元素。
- 不需要連續的記憶體位置：節點可以分散在記憶體中。
- 插入和刪除操作的成本較低：只需修改相鄰節點的指標。

3-1-2 堆疊與佇列

　　堆疊（Stack）是一種資料結構，它也是有序串列的一種。那麼堆疊是什麼？可以把它想像成一堆盤子或者一個單向開口的紙箱，只能從頂部放進物品，拿出物品；堆放於最頂端的物品，可以最先被取出，具有「後進先出」（Last In，First Out：LIFO）的特性。日常生活中也隨處可以看到，例如大樓電梯、貨架上的貨品等，都是類似堆疊的資料結構原理。

　　佇列是一種先進先出（FIFO）的資料結構，它允許在佇列前端進行插入操作，在佇列後端進行刪除操作。佇列通常用於模擬現實世界中的排隊和服務系統，例如電腦中的列印任務佇列。

　　堆疊與佇列在軟體開發中被廣泛應用。堆疊常用於處理函式的呼叫和追蹤，以及遞迴演算法的實現。在作業系統中，佇列用於處理行程的排程和執行。此外，在人工智慧和機器學習中，堆疊與佇列也被用於實現不同的演算法和模型。

3-1-3 雜湊表

　　雜湊表是一種根據鍵（Key）來搜尋值（Value）的資料結構，它透過雜湊函數將鍵映射到一個唯一的索引位置。雜湊表的特點是搜尋速度快，通常能在常數時間內完成搜尋操作。雜湊表在資料庫管理和快取系統中被廣泛應用。

　　雜湊法是利用雜湊函數來計算一個鍵值所對應的位址，進而建立雜湊表格，且依賴雜湊函數來搜尋找到各鍵值存放在表格中的位址。此外，搜尋速度與資料多少無關，在沒有碰撞和溢位下，一次讀取即可，更包括保密性高，不事先知道雜湊函數就無法搜尋的優點。選擇雜湊函數時，要特別注意不宜過於複雜，設計原則上至少必須符合計算速度快與碰撞頻率儘量小兩項特點。設計雜湊函數應該遵循底下幾個原則：

- 降低碰撞及溢位的產生。
- 雜湊函數不宜過於複雜，越容易計算越佳。
- 盡量把文字的鍵值轉換成數字的鍵值，以利雜湊函數的運算。
- 所設計的雜湊函數計算而得的值，盡量能均勻地分佈在每一桶中，不要太過於集中在某些桶內，這樣就可以降低碰撞。

雜湊表的應用不僅限於搜尋操作，它還可用於判斷集合中是否包含某個元素。在解決許多問題時，我們需要高效地判斷一個元素是否在一個集合中，這時雜湊表是一個很好的選擇。此外，在分散式系統和資料庫管理中，雜湊表也被廣泛用於實現快速的搜尋和查詢操作。

總結來說，本節簡要概述了幾種常見的資料結構，包括陣列、鏈結串列、堆疊、佇列和雜湊表。這些資料結構在電腦科學和軟體開發中有著廣泛的應用，我們接下來將深入探討ChatGPT在這些資料結構中的應用。

3-2 ChatGPT在資料結構操作中的應用

在這一節中，我們將探討ChatGPT在資料結構操作中的應用。具體來說，我們將討論如何使用ChatGPT來執行資料結構的插入、刪除、搜尋等操作，並探討ChatGPT如何幫助優化資料結構的性能和效率。

3-2-1 ChatGPT在資料結構插入操作中的應用

在資料結構中，插入操作是指將新的元素加入到已有的資料結構中的過程。這個過程需要考慮到不同資料結構的特性和限制，以確保插入操作的正確性和效率。

ChatGPT可以透過與使用者的對話，理解使用者的插入需求並生成相應的指令。例如，在陣列中插入元素，ChatGPT可以根據使用者提供的元素值和位置，生成插入指令並將元素放置在指定位置。在鏈結串列中插入

節點，ChatGPT可以請求使用者提供節點的資料和插入位置，然後生成將節點插入到指定位置的指令。

提示詞（**Prompt**）：

　　請示範在鏈結串列中插入節點，程式可以請求使用者提供節點的資料和插入位置，然後生成將節點插入到指定位置的指令。

ChatGPT回答畫面：

以下是一個簡單的 Python 程式來模擬鏈結串列中插入節點的操作：

```python
class Node:
    def __init__(self, data):
        self.data = data
        self.next = None

class LinkedList:
    def __init__(self):
        self.head = None

    def display(self):
        current = self.head
        while current:
            print(current.data, end=" -> ")
            current = current.next
        print("None")

    def insert(self, data, position):
        new_node = Node(data)

        # 插入在頭部
        if position == 0:
            new_node.next = self.head
            self.head = new_node
            return

        current = self.head
```

　　此外，ChatGPT的生成能力還可以幫助優化插入操作。在某些情況下，資料結構的插入操作可能導致資料結構的不平衡或效能下降。ChatGPT可以透過與使用者對話，了解插入操作的頻率和資料結構的結構，然後提出優化建議，如選擇更合適的插入位置或調整資料結構的結構，從而提高插入操作的效率和性能。

3-2-2 ChatGPT在資料結構刪除操作中的應用

　　除了插入操作，ChatGPT還可以在資料結構的刪除操作中發揮作用。刪除操作是指從資料結構中移除指定元素或節點的過程。不同的資料結構對於刪除操作有著不同的限制和方式，ChatGPT的語言理解和生成能力可以幫助使用者進行資料結構刪除操作的準確執行。

　　在進行刪除操作時，使用者可能需要指定刪除的元素或節點的位置或條件。ChatGPT可以透過與使用者的對話，了解使用者的刪除需求並生成相應的指令。例如，在陣列中刪除元素，ChatGPT可以根據使用者提供的元素值或位置，生成將元素從陣列中移除的指令。在鏈結串列中刪除節點，ChatGPT可以請求使用者提供刪除節點的資料或位置，然後生成將指定節點從鏈結串列中刪除的指令。

提示詞（Prompt）：

　　請示範在鏈結串列中刪除節點，程式可以請求使用者提供刪除節點的資料或位置，然後生成將指定節點從鏈結串列中刪除的指令。

ChatGPT回答畫面：

```python
T  當然可以！以下是一個簡單的 Python 程式來模擬鏈結串列中刪除節點的操作：

python                                              Copy code

class Node:
    def __init__(self, data):
        self.data = data
        self.next = None

class LinkedList:
    def __init__(self):
        self.head = None

    def display(self):
        current = self.head
        while current:
            print(current.data, end=" -> ")
            current = current.next
        print("None")

    def delete_by_value(self, value):
        if self.head is None:
            print("List is empty!")
            return

        # 如果是頭節點
        if self.head.data == value:
```

　　此外，資料結構的刪除操作可能會導致資料結構的不完整或效能下降。ChatGPT可以透過與使用者對話，了解刪除操作的頻率和資料結構，然後提出優化建議，如重新平衡資料結構或調整刪除策略，從而提高刪除操作的效率和性能。

3-2-3 ChatGPT在資料結構搜尋操作中的應用

　　搜尋是指從資料結構中搜尋指定元素或節點的過程。在進行搜尋操作

時，使用者通常需要提供搜尋的關鍵字或條件，以便能夠準確地找到相應的元素或節點。ChatGPT的語言理解和生成能力可以幫助使用者進行資料結構搜尋操作，快速找到所需資料。

在進行搜尋操作時，使用者可能需要指定搜尋的元素或節點的特定屬性或值。ChatGPT可以透過與使用者的對話，了解使用者的搜尋需求並生成相應的指令。例如，在陣列中進行元素搜尋，ChatGPT可以根據使用者提供的元素值，生成尋找該元素在陣列中位置的指令。在鏈結串列中進行節點搜尋，ChatGPT可以請求使用者提供要搜尋的節點特定屬性的值，然後生成搜尋含有該屬性值的節點的指令。

此外，搜尋操作的效率對於大型資料結構來說尤為重要。ChatGPT可以透過與使用者對話，了解資料結構的結構和搜尋頻率，然後提出優化建議，如使用更快速的搜尋演算法或建立索引來加速搜尋操作，從而提高搜尋的效率。

3-3 ChatGPT在不同資料結構中的應用範例

在這一節中，我們將透過具體範例來呈現ChatGPT在不同資料結構中的應用。我們將選取幾種常見的資料結構，如陣列、鏈結串列、堆疊、佇列和雜湊表等，並示範ChatGPT在這些資料結構上的操作和應用。

3-3-1 ChatGPT在陣列中的應用範例

陣列是一種常見且重要的資料結構，它能夠在連續的記憶體空間中儲存相同資料型別的元素。在這一節中，我們將透過這些範例來呈現其優越性與實用性。

● 陣列元素搜尋：ChatGPT能夠透過與使用者的對話，理解使用者的搜尋需求並生成相應的指令。例如，當使用者提供目標元素的值時，

ChatGPT能夠幫助使用者找到該元素在陣列中的位置。

提示詞（**Prompt**）：

當使用者提供目標元素的值時，請示範如何進行陣列元素搜尋。

ChatGPT回答畫面：

當需要搜尋陣列中的元素，最基本的方法是使用**線性搜尋**（Linear Search）。這個方法將會從陣列的第一個元素開始，逐一比較直到找到目標元素或檢查完整個陣列。

以下是一個 Python 程式，透過線性搜尋法，在陣列中搜尋使用者指定的元素：

```python
def linear_search(arr, target):
    for index, value in enumerate(arr):
        if value == target:
            return index
    return -1

if __name__ == "__main__":
    # 範例陣列
    array = [10, 20, 30, 40, 50, 60, 70, 80, 90]

    # 請求使用者輸入目標元素的值
    target_value = int(input("Enter the value to search for: "))

    # 進行搜尋
    result = linear_search(array, target_value)

    if result != -1:
        print(f"Value {target_value} found at index {result}.")
    else:
        print(f"Value {target_value} not found in the array.")
```

- 陣列排序優化：ChatGPT可以與使用者交流，了解陣列的大小和元素分佈情況，並提供最佳排序演算法的建議。不同的排序演算法對於不同大小的陣列可能有著不同的效率，ChatGPT能夠幫助使用者選擇最適合的排序方式。

提示詞（**Prompt**）：

　　請針對一個陣列元素隨機分佈情況，並提供最佳排序演算法的建議。

ChatGPT回答畫面：

 當一個陣列的元素隨機分佈，以下是幾種常見的排序演算法以及它們的特點：

1. **快速排序 (Quick Sort)**：
   - 平均時間複雜度：O(n log n)
   - 最差時間複雜度：O(n^2)（但這可以通過選擇好的基準元素（pivot）來避免）
   - 適用情境：在實際應用中，尤其是當數據隨機分佈時，快速排序通常都能展現出良好的效能。
2. **合併排序 (Merge Sort)**：
   - 時間複雜度：O(n log n)（對於最好、平均、和最差情況都是）
   - 適用情境：當需要穩定排序（排序後相同鍵值的元素相對位置不變）且不太在乎空間複雜度（因為合併排序需要額外的O(n)空間）。
3. **堆排序 (Heap Sort)**：
   - 時間複雜度：O(n log n)（對於最好、平均、和最差情況都是）
   - 適用情境：當需要原地排序（不需要額外的儲存空間）且不需要穩定排序。

建議：

對於大多數實際應用，尤其是當數據隨機分佈時，**快速排序**往往是首選，因為它具有較低的常數因子，且其平均時間複雜度通常很好。然而，如果在某些極端情況下你擔心快速排序可能退化成O(n^2)的時間複雜度（雖然這可以透過隨機選擇基準元素或使用「三中位數法」來改善），你可以考慮使用 **合併排序** 或 **堆排序**。

另外，如果你使用的是一些現代的程式設計語言或函式庫，如 Python 的 `sorted()` 或 C++ 的 `std::sort()`，那麼通常你不需要過多擔心背後的實現，因為它們已經被優化得非常好了，且通常結合了多種排序演算法以達到最佳效能。

● 陣列元素插入和刪除：ChatGPT能夠引導使用者完成陣列元素的插入和刪除操作。使用者提供要插入或刪除的元素值和位置後，ChatGPT會生成相應的指令，幫助使用者在陣列中執行這些操作。

提示詞（**Prompt**）：

　　請協助使用者完成陣列元素的插入和刪除操作。

ChatGPT回答畫面：

3-3-2 ChatGPT在鏈結串列中的應用範例

　　鏈結串列是一種靈活的資料結構，由節點組成，每個節點包含資料

和指向下一個節點的指標。在這一節中,我們將呈現ChatGPT在鏈結串列中的應用範例。這些範例將呈現ChatGPT如何幫助執行鏈結串列的插入、刪除、反轉等操作,同時探討ChatGPT如何幫助優化鏈結串列的性能與效率。

● 鏈結串列插入和刪除:ChatGPT能夠透過與使用者的對話,了解使用者要插入或刪除節點的資料與位置,然後生成相應的指令,幫助使用者在鏈結串列中執行這些操作。

提示詞(**Prompt**):

　　請以Python示範如何在鏈結串列插入和刪除的操作。

ChatGPT回答畫面:

當然可以!以下是一個 Python 程式,使用單鏈結串列來實現插入和刪除節點的操作:

```python
class Node:
    def __init__(self, data):
        self.data = data
        self.next = None

class LinkedList:
    def __init__(self):
        self.head = None

    def display(self):
        current = self.head
        while current:
            print(current.data, end=" -> ")
            current = current.next
        print("None")

    def insert(self, position, value):
        new_node = Node(value)
        if position == 0:
            new_node.next = self.head
            self.head = new_node
            return

        current = self.head
```

● 鏈結串列反轉：使用者可以向ChatGPT請求幫助將鏈結串列進行反轉操作，將鏈結串列的順序逆轉過來。ChatGPT將生成相應的指令，幫助使用者實現鏈結串列的反轉。

提示詞（**Prompt**）：

　　請以Python示範如何將鏈結串列進行反轉操作，將鏈結串列的順序逆轉過來。

ChatGPT回答畫面：

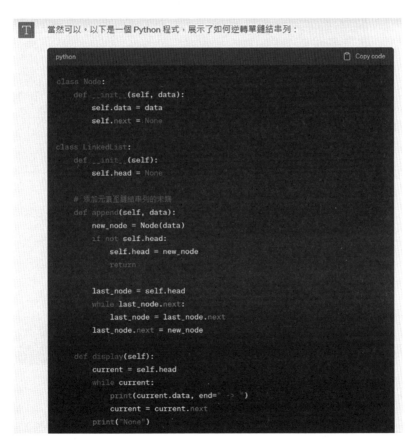

當然可以。以下是一個 Python 程式，展示了如何逆轉單鏈結串列：

```python
class Node:
    def __init__(self, data):
        self.data = data
        self.next = None

class LinkedList:
    def __init__(self):
        self.head = None

    # 添加元素至鏈結串列的末端
    def append(self, data):
        new_node = Node(data)
        if not self.head:
            self.head = new_node
            return

        last_node = self.head
        while last_node.next:
            last_node = last_node.next
        last_node.next = new_node

    def display(self):
        current = self.head
        while current:
            print(current.data, end=" -> ")
            current = current.next
        print("None")
```

● 鏈結串列合併：ChatGPT可以引導使用者將兩個鏈結串列進行合併，將兩個鏈結串列中的元素合併成一個新的鏈結串列。ChatGPT將生成合併

的指令，幫助使用者完成這一操作。

提示詞（**Prompt**）：

　　請以Python示範如何將兩個鏈結串列進行合併，將兩個鏈結串列中的元素合併成一個新的鏈結串列。

ChatGPT回答畫面：

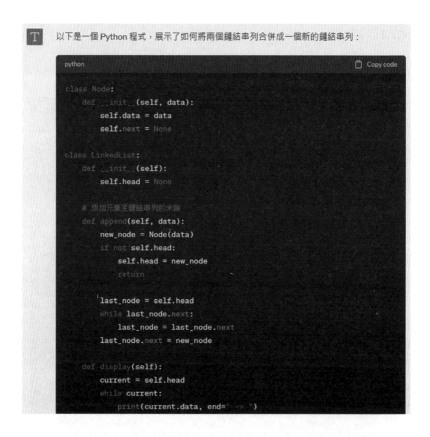

3-3-3 ChatGPT在堆疊、佇列和雜湊表中的應用範例

　　堆疊和佇列是兩種特殊的資料結構，而雜湊表是一種根據鍵搜尋值

的資料結構。在這一節中，我們將呈現ChatGPT在堆疊、佇列和雜湊表中的應用範例。這些範例將呈現ChatGPT如何幫助執行堆疊和佇列的進出操作，以及在雜湊表中搜尋和插入鍵值對的過程中的應用。

● 堆疊操作優化：ChatGPT可以與使用者交流，了解堆疊的用途和特性，提供優化堆疊操作的建議。例如，針對特定的堆疊操作，如進堆疊或出堆疊，ChatGPT可以幫助使用者選擇最適合的方式，確保堆疊的正確使用。

提示詞（**Prompt**）：

　　請以Python示範堆疊的推入（push）與彈出（pop）等操作。

ChatGPT回答畫面：

當然可以，以下是一個簡單的 Python 程式，示範了堆疊的基本操作，包括 `push` 和 `pop`：

```python
class Stack:
    def __init__(self):
        self.items = []

    def is_empty(self):
        return len(self.items) == 0

    def push(self, item):
        self.items.append(item)

    def pop(self):
        if not self.is_empty():
            return self.items.pop()
        else:
            print("堆疊已空，無法進行 pop 操作。")
            return None

    def peek(self):
        if not self.is_empty():
            return self.items[-1]
        else:
            print("堆疊已空，無法查看頂部元素。")
            return None
```

● 佇列操作優化：ChatGPT可以透過與使用者的對話，了解佇列的結構和用途，提供優化佇列操作的建議。例如，在進行佇列操作時，ChatGPT可以幫助使用者選擇最適合的方式，確保佇列的正確運作。

提示詞（**Prompt**）：

　　請以Python示範佇列的加入與取出等操作。

ChatGPT回答畫面：

當然可以，以下是一個簡單的 Python 程式，示範了佇列（Queue）的基本操作，包括 `enqueue`（加入）和 `dequeue`（取出）：

```python
class Queue:
    def __init__(self):
        self.items = []

    def is_empty(self):
        return len(self.items) == 0

    def enqueue(self, item):
        self.items.append(item)

    def dequeue(self):
        if not self.is_empty():
            return self.items.pop(0)
        else:
            print("佇列已空，無法進行 dequeue 操作。")
            return None

    def front(self):
        if not self.is_empty():
            return self.items[0]
        else:
            print("佇列已空，無法查看前端元素。")
            return None
```

● 雜湊表搜尋優化：ChatGPT可以與使用者合作，了解雜湊表中的鍵值對分佈情況，提供最佳搜尋方式的建議。不同的雜湊函數可能會影響搜

尋效率，ChatGPT能夠幫助使用者選擇適合的雜湊函數和解決衝突的方法，提高搜尋的效率。

提示詞（**Prompt**）：

　　請以Python示範使用線性探測法的雜湊法實作。

● ChatGPT回答畫面：

　　本節呈現了ChatGPT在不同資料結構中的應用範例。這些範例不僅呈現了ChatGPT的語言理解與生成能力，還呈現了ChatGPT在幫助優化資料結構性能與效率方面的潛力。透過這些應用範例，讀者可以更深入地了解ChatGPT在資料結構操作中的創新應用，並啟發更多應用ChatGPT的創意與想法。

## 第四章

ChatGPT 與遊戲設計

　　遊戲設計是一個充滿創意與技術挑戰的領域，它結合了藝術、故事情節、互動性和程式開發，創造出令人著迷的遊戲體驗。在這一章中，我們將探索ChatGPT在遊戲設計中的應用。我們將首先介紹遊戲設計的基礎知識，包括遊戲開發流程、遊戲元素與遊戲設計原則。然後，我們將探討如何使用ChatGPT來開發遊戲，包括如何利用ChatGPT生成故事情節、角色對話和遊戲提示。最後，我們將以幾個實際的範例，說明ChatGPT在不同遊戲設計領域中的成功應用。透過這些內容，希望能為讀者帶來對ChatGPT在遊戲設計中的創新應用有更深入的了解與啓發。

4-1 遊戲設計基礎知識

　　在這一節中，我們將深入介紹遊戲設計的基礎知識，讓讀者對這個引人入勝的領域有更全面的了解。

4-1-1 遊戲開發流程

　　遊戲開發是一個複雜且細緻的過程，通常包括以下階段：
● 遊戲概念化：這是遊戲開發的起點，遊戲設計師與團隊成員討論並確定遊戲的核心概念和主題，形成遊戲的初步構想。

● 遊戲設計：在這個階段，遊戲設計師將具體設計遊戲的內容、遊玩方式和遊戲流程。他們確定遊戲的目標和規則，設計遊戲關卡、角色和道具等元素。

● 遊戲製作：在遊戲設計確定後，開始進行遊戲內容的製作。這包括遊戲圖像和音效的設計，角色和場景的建模，以及遊戲程式的編寫。

● 測試與優化：在遊戲製作完成後，進行遊戲的測試，搜集玩家的反饋和意見，並根據反饋優化遊戲的品質和表現。

● 上市與更新：當遊戲經過測試並達到一定品質後，將遊戲上市推出。同時，持續進行遊戲的更新和改進，以不斷提升遊戲體驗。

4-1-2 遊戲元素

遊戲元素是構成遊戲的基本要素，決定了遊戲的內容和玩法。在遊戲設計中，常見的遊戲元素包括：

● 角色：遊戲中的主要扮演者，玩家通常扮演其中一個角色。角色可能有不同的特性和技能，玩家需要利用這些角色來達成遊戲目標。

提示詞（**Prompt**）：

在ARPG遊戲中扮演勇士的角色需要具備哪些特性和技能？

ChatGPT回答畫面：

 在ARPG（動作角色扮演遊戲）中，玩家通常會扮演一名勇士或其他角色，與敵人戰鬥並進行冒險。為了確保遊戲體驗具有深度和趣味性，這些角色通常會具備以下特性和技能：

1. **基礎屬性：**
   - **生命值 (HP):** 代表角色的健康狀態。當HP降到0時，角色會死亡或被擊倒。
   - **魔法值 (MP/SP):** 用於施放技能或魔法。
   - **攻擊力:** 決定角色造成傷害的能力。
   - **防禦力:** 決定角色抵抗傷害的能力。
   - **敏捷:** 可能影響角色的攻擊速度、閃避能力或行動順序。

2. **戰鬥技能：**
   - **近戰攻擊:** 如斬、刺、砸等基礎攻擊動作。
   - **遠程攻擊:** 如射箭或投擲物。
   - **特殊技能:** 如旋風斬、震地錘等。
   - **魔法/元素攻擊:** 如火焰球、冰霜箭等。

3. **防禦與避免技能：**
   - **格擋:** 使用盾牌或武器抵擋攻擊。
   - **閃避:** 快速移動以避免敵人的攻擊。
   - **招架:** 使用武器反擊敵人的攻擊。

4. **角色發展與進階技能：**
   - **技能樹:** 隨著等級提升，玩家可以解鎖或強化新技能。
   - **天賦/特質:** 提供角色特殊的能力或增益，如提高某種攻擊的傷害或增加生命回復速度。

5. **其他技能與能力：**
   - **裝備管理:** 能夠選擇和升級適合的武器、盔甲和飾品。
   - **工藝技能:** 如鍛造、煉藥或附魔，用於製作或強化裝備。
   - **探索與解謎:** 在遊戲中尋找隱藏路徑、寶箱或解開謎題。

6. **團隊合作 (如果遊戲支持多人合作)：**
   - **團隊策略:** 與其他玩家合作，協同作戰，例如坦克、治療者和輸出等角色分工。
   - **溝通能力:** 能夠有效地與隊友溝通，共同制定戰術。

● 關卡：遊戲中的不同場景或關卡，玩家需要在這些關卡中完成不同的任務或挑戰。關卡的設計可以影響遊戲的難度和挑戰性。

CHAPTER

4

提示詞（**Prompt**）：

　　請提供一種適合小學生玩的闖關型益智遊戲的關卡設計。

ChatGPT回答畫面：

遊戲名稱:「奇妙果園」

背景故事:
主角是一名年輕的果園管理員，需要透過解開各種謎題來收集果實，幫助果園恢復生機。

關卡名稱:「迷失的蘋果」

關卡設計:

1. **場景:**
   - 遊戲場景為一個大型的果園迷宮，其中散佈著各種果樹。
   - 迷宮的入口處有一個提示板，上面寫著: "收集所有的蘋果，方能找到出口。"
2. **目標:**
   - 主角需要在迷宮中尋找並收集所有的蘋果，然後找到出口。
3. **遊玩元素:**
   - **蘋果:** 隨機分佈在迷宮中，每收集到一個蘋果，主角的小背包就會增加一個蘋果圖標。
   - **障礙物:** 如石塊、小池塘或蜜蜂等，需要玩家思考如何繞過。
   - **工具:** 如可以幫助玩家過河的小船，或是可以驅趕蜜蜂的噴霧器。
   - **提示卡:** 在某些關鍵路口，玩家可以找到提示卡，上面有一些指引或是謎語，幫助玩家找到正確的方向。
4. **挑戰與策略:**
   - 蘋果的位置並不固定，每次進入關卡時都會有所改變。
   - 障礙物需要玩家動腦策略，例如利用噴霧器避開蜜蜂，或是找到小船過河。
   - 提示卡的謎語可能需要玩家觀察周圍的環境來解答。
5. **勝利條件:**
   - 當主角成功收集所有的蘋果並找到迷宮的出口時，就算完成該關。
6. **獎勵機制:**
   - 完成關卡後，玩家可以獲得一些獎勵，例如新的服裝、帽子或是新的關卡。

● 道具：遊戲中的物品，可以幫助玩家完成任務或提升能力。道具的使用可以增加遊戲的策略性和趣味性。

提示詞（**Prompt**）：

請提供適合作為原住民故事題材角色扮演遊戲的道具。

ChatGPT回答畫面：

創建基於原住民故事題材的角色扮演遊戲道具時，非常重要的是要確保尊重和真實地反映該
文化。最好是進行深入的研究或與原住民社區合作以確保準確性和敏感性。以下是一些建議
的道具，靈感取自於全球各地的原住民文化：

1. **神聖的圖騰**：代表著部落的守護神或祖先的力量。玩家可以使用它來召喚援助或增強特定的
   能力。
2. **自然製的武器**：
   - **弓箭**：用於遠程攻擊。
   - **石頭槍**：用於近戰。
   - **投擲棍**：可以遠程擊中敵人。
3. **儀式工具**：
   - **鼓**：用於儀式或治療。
   - **香草和藥草**：用於治療傷口或製作魔法藥水。
   - **羽毛扇**：在某些文化中，用於引導和淨化。
4. **裝飾品和護身符**：提供玩家特殊的加成或防護。
5. **動物夥伴或召喚物**：例如鷹、狼或熊，可以協助玩家在戰鬥中或作為導引。
6. **天然資源**：
   - **皮革**：用於製造裝備。
   - **樹脂**：用作火種或製作工具。
   - **石頭和骨頭**：工具和武器的原材料。
7. **聖地地圖**：導引玩家至特殊的神聖地點，這些地點可能隱藏著秘密或是強大的力量。
8. **傳統樂器**：例如笛子或弦樂器，可能用於解鎖特定的區域或與靈界溝通。
9. **部落紋章**：代表玩家的隸屬或成就，也可以作為通行證或識別標誌。

當您考慮這些建議時，請記住每個原住民文化和部落都有其獨特的特點和故事。在使用這些
建議時，確保您的遊戲內容是尊重和真實的。

- 敵人：遊戲中的對手，玩家需要與敵人戰鬥或迴避，克服他們的攻擊和
  障礙。
- 獎勵：遊戲中的獎勵機制，當玩家完成任務或達成目標時會獲得獎勵，
  這可以激勵玩家繼續遊戲。

4-1-3 遊戲設計原則

　　遊戲設計需要遵循一些基本原則，這些原則能夠影響遊戲的平衡性、挑戰性和流暢性，進而影響玩家的遊戲體驗。

● 平衡性：遊戲中的各項元素應該相互平衡，避免出現某些元素過於強大或過於弱小的情況，確保遊戲的公平性和挑戰性。

提示詞（**Prompt**）：

　　請說明遊戲的平衡性在遊戲設計原則中的重要性。

ChatGPT回答畫面：

遊戲的平衡性在遊戲設計中佔有極為重要的地位。一個遊戲的平衡性良好意味著遊戲提供了公平、有趣且具有挑戰性的體驗。以下說明遊戲平衡性在遊戲設計原則中的重要性：

1. **公平性**：玩家應該覺得遊戲是公平的，每個玩家在遊戲開始時都有相等的機會獲勝。若遊戲缺乏平衡，可能會導致某些玩家具有不公平的優勢，進而使其他玩家感到挫折。

2. **挑戰性**：平衡性確保了遊戲具有適當的挑戰度。太簡單的遊戲可能使玩家感到無聊，而太難的遊戲可能會讓玩家感到挫折。適當的平衡可以確保遊戲既有趣又具挑戰性。

3. **多樣性**：遊戲平衡還可以確保多樣性。在多人遊戲中，這意味著多種策略或角色應該都是可行的，沒有任何一種策略或角色會讓玩家始終保持優勢。

4. **長久的遊玩價值**：如果遊戲平衡得當，玩家可能會花更多時間探索不同的策略和方法來提高自己的技能，這可以增加遊戲的回玩價值和持續性。

5. **社群和競技性**：對於競技遊戲或多人遊戲，平衡性尤為重要。玩家之間的公平競爭可以建立一個健康的社群，並鼓勵玩家參與和分享遊戲體驗。

6. **獎勵系統**：平衡的獎勵系統可以確保玩家感到他們的努力和時間投入都得到了回報，這有助於保持玩家的參與度和滿意度。

7. **避免「遊戲破壞者」**：良好的平衡性可以防止某些策略或技能過於強大，從而破壞遊戲體驗。一個「破壞遊戲的」元素可能會使玩家感到沒有必要探索其他策略。

總之，遊戲的平衡性是確保遊戲公平、有趣且具有挑戰性的關鍵元素。它不僅影響玩家的遊戲體驗，還可以決定遊戲的成功和持久性。在遊戲設計中應該重視並持續地調整和監控遊戲的平衡性。

● 挑戰性：遊戲應該具有一定程度的挑戰性，能夠吸引玩家並提供挑戰
感，但同時也不宜過於困難，避免讓玩家感到挫折和無趣。

● 流暢性：遊戲應該有流暢的遊戲節奏和界面設計，讓玩家能夠順利進行
遊戲，不會產生過多的等待或煩惱。

　　本節介紹了遊戲設計的基礎知識，包括遊戲開發流程、常見的遊戲元
素以及遊戲設計原則。這些知識爲理解遊戲設計的本質和開展遊戲開發奠
定了基礎，也爲後續探討ChatGPT在遊戲設計中的應用鋪平了道路。

4-2 使用ChatGPT開發遊戲

　　在這一節中，我們將探討如何使用ChatGPT來開發遊戲。包括如何利
用ChatGPT生成故事情節、角色對話和遊戲提示。

4-2-1 生成故事情節

　　遊戲中的故事情節是吸引玩家的關鍵元素之一。利用ChatGPT的語言
生成能力，遊戲開發人員可以建立豐富多樣的故事情節。ChatGPT可以根
據遊戲世界和角色的設定，生成合適的對話和事件，爲玩家提供更加生動
的遊戲體驗。透過ChatGPT的幫助，遊戲開發人員可以輕鬆地擴充遊戲的
故事內容，增加遊戲的趣味性和豐富度。

提示詞（**Prompt**）：

　　請協助生成具有三角戀的愛情故事遊戲的故事情節。

ChatGPT回答畫面：

遊戲名稱：心之選擇

背景設定：
遊戲發生在一個宏偉的皇宮中，玩家扮演的是一名年輕的宮女，名為梅琳。皇宮裡充滿了陰謀、權謀和愛情的故事。

主要角色：

1. **梅琳**：玩家扮演的角色。一名單純、聰明且天真的宮女，憑藉其美麗的外貌和才華引起了不少人的關注。
2. **皇子凌雲**：年輕、英俊且擁有堅強意志的皇子。他對梅琳一見鍾情，但同時也承受著皇位繼承者的壓力。
3. **瑞明**：梅琳的青梅竹馬，是皇宮中的侍衛長。他默默守護著梅琳，並對她懷有深厚的情感。

情節：

1. 梅琳在皇宮中過著平凡的日子，直到一天皇子凌雲偶然看到她為眾人表演的舞蹈。從此，他被她深深吸引。
2. 凌雲開始尋找機會接近梅琳，而梅琳也對這位高貴的皇子產生好感。
3. 瑞明發現梅琳和凌雲之間的關係日漸親近，心中的愛意與嫉妒一同滋長。但他選擇隱藏自己的感情，選擇在背後默默保護梅琳。
4. 皇宮中發生了政變。凌雲被逼迫選擇婚姻來鞏固自己的地位。而這場政變的背後，瑞明發現有他深愛的梅琳的危險。
5. 瑞明決定冒著生命危險來保護梅琳，並揭露政變的真相。
6. 在遊戲的決定性時刻，梅琳必須做出選擇：是選擇和皇子凌雲在一起，享受皇宮的榮華富貴，還是選擇和一直默默守護她的瑞明共度一生。

結局：
遊戲有多種結局，根據玩家在遊戲中的選擇而定。梅琳可能會選擇凌雲，成為未來的皇后；也可能選擇和瑞明一同離開皇宮，過著平淡但充滿愛意的生活；還有可能選擇獨自前進，尋找自己的人生目標。

4-2-2 角色對話

　　角色之間的對話是遊戲中交流與互動的重要方式。ChatGPT可以用來生成逼真的角色對話，使得遊戲中的角色更加生動有趣。開發人員可以使

用ChatGPT來設計不同角色的口吻和個性，使得每個角色都有獨特的對話風格。這樣的設計可以增加遊戲的情感共鳴和代入感，讓玩家更容易投入到遊戲的世界中。

● 提示詞（Prompt）：

　　請設計在遊戲中警察與小偷兩者角色有趣的對話。

● ChatGPT回答畫面：

 場景：夜晚，一家珠寶店。小偷正準備破窗進入，突然聽到一聲清喉後的聲音。

警察李：嘿！真是時差讓人不敢相信，你也這麼晚還出來透透氣啊？

小偷阿明：哎呀，李哥！你怎麼在這？我以為你已經下班去吃臭豆腐了呢！

警察李：原本是這樣，但臭豆腐攤沒開，所以我想趁這個機會散散步，結果就遇到了你。你這是準備做什麼？不會是打算送我晚餐吧？

小偷阿明：那當然不是啦，李哥，我只是...欣賞這家店的裝潢。你看那玻璃窗真是做得好漂亮！

警察李：真的嗎？我從這邊看過去，只看到你手裡拿著的那個大鐵槌，像是想要...幫他們重新裝修？

小偷阿明：啊，這個嘛...其實是我的新玩具，只是想試試看它的效果。沒有其他意思！

警察李：那真是太巧了！我也剛好帶了副新手銬，也想試試看它的效果。要不要一起玩玩看？

小偷阿明：哎呀，你真會開玩笑！那我先走了，李哥，下次再請你吃臭豆腐！

警察李：不用這麼客氣！我陪你走走，路上聊聊近況怎麼樣？

這種有點幽默、帶點諷刺的對話，可以使遊戲更加生動和有趣，也可以增加角色間的互動和深度。

4-2-3 提供遊戲提示

　　有時候，玩家在遊戲中可能會遇到困難或迷惑。ChatGPT可以用來生成遊戲提示，幫助玩家解決問題或找到遊戲中的線索。開發人員可以設計特定的提示機制，當玩家需要幫助時，ChatGPT可以根據玩家的問題提供相關的提示和解答。這不僅提高了遊戲的可玩性，還幫助玩家更好地體驗遊戲世界，避免因為困難而導致遊戲的放棄。

提示詞（**Prompt**）：

　　遊戲提示可以幫助玩家解決問題或找到遊戲中的線索，請列出常見的遊戲提示的類型或方式。

ChatGPT回答畫面：

> 遊戲提示是一個重要的設計元素，它有助於玩家克服挑戰，並提供必要的資訊以繼續前進。以下是一些常見的遊戲提示類型或方式：
>
> 1. **文字提示**：這是最基本的提示類型，直接告訴玩家如何執行某個動作、解決某個問題或了解某個物件的功能。
> 2. **視覺提示**：
>   - **閃爍或高亮**：使某物閃爍或高亮，引導玩家的注意力。
>   - **箭頭或指示器**：指出玩家該前往的方向或關注的物件。
> 3. **音效提示**：當玩家接近線索或重要物件時，會播放特定的音效或音樂。
> 4. **互動提示**：透過NPC（非玩家角色）給予的建議或資訊來引導玩家。
> 5. **教學或示範**：在遊戲初期或當玩家獲得新能力時，展示一個小型的演示或教學來教導玩家。
> 6. **日誌或任務列表**：將玩家當前的目標或任務列出，並提供相關的線索或指示。
> 7. **環境線索**：設計環境元素來間接地給予玩家提示，例如腳印、壞掉的物件或特定的燈光照射。
> 8. **減少選項**：在多選問題中，給予玩家某些線索或資訊，減少他們需要考慮的選項。
> 9. **自動完成或助手**：如果玩家在某個問題上花了太多時間，遊戲可以提供一個選項，讓電腦自動完成或提供額外的幫助。
> 10. **回顧或重播**：允許玩家回顧先前的情節或片段，幫助他們回憶或找到線索。
> 11. **測驗或總結**：在遊戲的某些段落後提供測驗或總結，幫助玩家鞏固所學並確認他們了解的內容。
> 12. **優化的控制提示**：當玩家接近某物或處於特定情境時，顯示相關的按鍵或操作方式。
>
> 每款遊戲的設計和目標都不同，因此在選擇適合的提示方式時，應該根據遊戲的特點和玩家的需求來做選擇。

本節介紹了使用ChatGPT開發遊戲的應用。利用ChatGPT的語言理解和生成能力，遊戲開發人員可以更加輕鬆地建立豐富多樣的故事情節，設計逼真有趣的角色對話，並提供遊戲提示來幫助玩家解決難題。

4-3 ChatGPT在不同遊戲設計領域中的應用範例

在本小節，我們將展示幾個實際的範例，說明ChatGPT如何在不同的遊戲設計領域中被成功地應用和實現。我們將選取幾種不同類型的遊戲，包括角色扮演遊戲（RPG）、冒險遊戲、謎題解謎遊戲等，這些實例將幫助讀者更深入了解ChatGPT在遊戲設計中的創新應用。

4-3-1 角色扮演遊戲（RPG）

在RPG遊戲中，故事情節和角色扮演是核心要素。ChatGPT可以用於生成NPC（非玩家角色）的對話和行為，使得NPC更具個性和真實感。開發人員可以利用ChatGPT設計多樣化的任務和情節，讓玩家在遊戲中遇到各種有趣的角色和挑戰。

提示詞（**Prompt**）：

請模擬在賽車遊戲中生成NPC（非玩家角色）的對話和行為，使得NPC更具個性和真實感。

ChatGPT回答畫面：

 場景：在賽車遊戲的起始線，玩家與幾位NPC賽車手站在一起，準備開始一場大賽。

NPC1 - 風速狂人韋恩

- 對話：「你準備好面對風速狂人的速度了嗎，新手？」
- 行為：在起跑時，韋恩的車輛會特別快，但在轉彎時可能會失控。

NPC2 - 老練的莉莉

- 對話：「別看我這麼大年紀，但我的經驗可是你的兩倍。」
- 行為：莉莉駕駛的技巧非常穩健，不容易犯錯，但她的最高速度可能不如其他賽車手。

NPC3 - 技術宅艾倫

- 對話：「你知道嗎？我親自調校了這輛車的每一個部分，絕對不會輸給你。」
- 行為：艾倫在轉彎或複雜路段的時候表現得很出色，但在長直路上可能會稍微慢一點。

4-3-2 冒險遊戲

　　冒險遊戲強調解謎和探索，這就需要遊戲內容具有高度的互動性和變化性。ChatGPT可以用於生成遊戲中的謎題和提示，幫助玩家解決難題。同時，ChatGPT也可以根據玩家的行為和決策，提供不同的遊戲路線和結局，增加遊戲的可玩性和重玩價值。

提示詞（**Prompt**）：

請提供一款在森林中不同遊戲路線和結局的冒險遊戲腳本設計。

ChatGPT回答畫面：

遊戲名稱：森林的選擇

背景：
玩家醒來發現自己身處在一片未知的森林之中，並接到了一封神秘的信，寫著：「森林的命運掌握在你手中，你的選擇將決定它的未來。」

路線A：守護者之路
故事：玩家選擇跟隨一位名叫艾拉的森林精靈，學習森林的歷史和守護森林的方法。
結局A1：玩家成功保護森林，成為森林的新守護者。
結局A2：玩家失敗，被黑暗的力量擊敗，森林遭到破壞。

路線B：探索家之路
故事：玩家選擇獨自探索，不受任何指引，途中會遇到各種森林生物，有的需要幫助，有的則具有敵意。
結局B1：玩家成功找到出口，離開森林，並帶回了關於森林的故事和寶物。
結局B2：玩家在冒險中迷失，最終成為了森林的一部分。

路線C：變革者之路
故事：玩家決定調查為什麼會被帶到這片森林，並發現一個邪惡的組織試圖破壞森林。
結局C1：玩家組建一隊同伴，成功阻止了邪惡組織，並恢復了森林的和平。
結局C2：玩家加入了邪惡組織，利用森林的資源獲得力量。

遊戲玩法提示：

- 在森林中有多個藏有線索的地點，玩家可以根據線索選擇不同的路線。
- 森林中的生物會給玩家提供任務，完成任務可以獲得獎勵和線索。
- 玩家的選擇會影響遊戲的結果，每次遊玩都有可能獲得不同的結局。

4-3-3 謎題解謎遊戲

謎題解謎遊戲需要玩家透過推理和解謎來推進遊戲故事。ChatGPT可

以被用來生成謎題和線索，為遊戲增加挑戰性和趣味性。開發人員可以設計各種謎題類型，如數學謎題、密碼解讀和迷宮探索等，並讓ChatGPT提供相應的解答和提示。

提示詞（**Prompt**）：

　　請設計一款適合給老年人玩，預防失智的謎題解謎遊戲。

ChatGPT回答畫面：

 遊戲名稱：回憶之旅

遊戲目的：

幫助老年人回憶青春時期，過程中鍛煉認知功能，提升注意力、記憶、判斷力與邏輯思考能力，從而達到預防失智的效果。

遊戲設計：

1. 主界面：
   * 显示一个古老的相册，每一页都是一个关卡，相册封面写着"回憶之旅"。
2. 故事背景：
   * 每一頁相片代表玩家的某個生活時期，例如：童年、學生時期、初戀、成家立業等。
3. 遊戲玩法：
   * 打開相片後，將出現該時期的場景，玩家需要在場景中尋找與該時期相關的物品、回憶事件或解決小謎題。
   * 例如在"初戀"時期，玩家可能需要找到首次約會的地點、禮物或當時的歌曲。
4. 謎題設計：
   * 謎題需要結合認知功能訓練。例如：記憶序列、配對相對應的圖片、重組散亂的圖片等。
   * 每個謎題解鎖後，玩家可以得到一段相關的回憶敘述或短片，讓玩家沉浸在那個時期的回憶中。
5. 音效與視效：
   * 視效可以選擇較為柔和的色調，不刺激視網膜。
   * 音效可以使用當時流行的歌曲或樂曲，激發玩家的情感回憶。
6. 難度設計：
   * 可以提供不同難度設定，例如初級、中級和高級。
   * 玩家可以根據自己的能力選擇適合的難度。
7. 互動功能：
   * 增設與家人或朋友的互動功能。玩家可以邀請家人或朋友加入，一起解謎、分享回憶。
8. 進度保存：
   * 遊戲應該有自動保存功能，讓玩家不必擔心失去遊戲進度。

　　這些實際範例呈現了ChatGPT在不同遊戲設計領域中的應用方式和效果。ChatGPT的語言生成能力賦予遊戲開發者更多創意和自由，讓遊戲內容更加豐富多樣，藉由這些範例，開發者能夠獲得新的靈感和想法，進而在遊戲開發中發揮ChatGPT的潛力，打造出引人入勝的遊戲作品。

CHAPTER

4

## 第五章

ChatGPT 與 AI

　　AI（人工智慧）是當今科技領域中最炙手可熱的話題之一，它正在深刻地改變我們的生活方式和工作方式。本章將探討ChatGPT與AI之間的關係，以及ChatGPT在不同AI領域中的應用角色。我們將介紹幾個具體的應用領域，包括AI錄音、AI繪圖、AI影片和AI音樂，這些將呈現ChatGPT在AI領域中的豐富多樣應用和創新潛力。

5-1 AI概述與ChatGPT的關係

　　在本節中，我們將簡要概述人工智慧的發展和應用現況，並介紹ChatGPT在AI領域中的獨特地位和貢獻。AI的發展正在不斷推進，各種AI技術如機器學習、深度學習和自然語言處理等都取得了令人矚目的進展。而ChatGPT作為一個優秀的語言模型，能夠進行自然語言理解和生成，為AI領域帶來了新的可能性和應用情境。

5-1-1 人工智慧的發展與應用現況

　　人工智慧（Artificial Intelligence, AI）是指透過機器模擬人類智慧的技術，它的發展可以追溯至20世紀中。隨著計算機技術的不斷進步，人工智慧在近年來取得了驚人的成就，並在各個領域得到廣泛應用。

AI技術的核心包括機器學習（Machine Learning）、深度學習（Deep Learning）和自然語言處理（Natural Language Processing, NLP）等。

　　機器學習是AI領域的基礎，它是一種透過給定的資料集和訓練演算法，使機器能夠從中學習並做出預測的技術。而深度學習則是機器學習的一個分支，透過神經網路的結構和演算法，可以處理更複雜的問題，如圖像辨識和語音識別。自然語言處理則專注於使機器能夠理解和生成人類的自然語言，這在日常生活中的智慧助理和語音互動中得到了廣泛應用。

5-1-2 ChatGPT的獨特地位和貢獻

　　在眾多AI技術中，ChatGPT的獨特之處在於其強大的自然語言理解和生成能力，讓它能夠模擬人類的語言表達並做出相應的回應。ChatGPT的核心結構是Transformer模型，這是一種以注意力機制為基礎的神經網路架構，它能夠處理長文字序列並捕捉上下文之間的關係，進而提升語言理解和生成的效果。

　　ChatGPT透過大規模的預訓練來學習語言知識，使其具有豐富的文字理解能力。預訓練階段中，它透過閱讀龐大的文字資料集，學習了語法、詞彙、常識等知識。在預訓練完成後，ChatGPT可以進行微調（Fine-tuning），根據特定任務的資料集進一步調整模型參數，使其適應不同的應用情境。

　　ChatGPT它不僅可以用於智慧助理和對話系統，還可以應用於文字生成、自動翻譯、情感分析等多個領域。其優秀的語言生成能力也使得ChatGPT在文學創作、寫作協助等方面展現出巨大的潛力。

5-1-3 ChatGPT在推動AI技術發展中的重要地位

　　在推動AI技術發展中ChatGPT扮演著重要的角色。首先，它的出現

激發了對語言模型的研究熱潮，推動了自然語言處理技術的不斷創新。ChatGPT的成功證明了預訓練模型的有效性，也促使了更多相關研究的開展，不斷優化模型的性能和效能。

其次，ChatGPT為大眾普及AI技術提供了一個便捷的平台。透過與ChatGPT的對話，使用者可以體驗到AI在語言理解和生成方面的強大能力，進一步增強了人們對AI的認識和了解。這也促進了公眾對AI技術的接受度，並為AI技術的應用拓展了更廣闊的市場。

最後，ChatGPT的開放原始碼模型也為開發者和研究者提供了重要的工具。開放原始碼使得更多人可以使用和修改ChatGPT，從而促進了AI技術的共享和交流。

5-2 ChatGPT在AI應用中的角色

ChatGPT的語言理解和生成能力賦予它在AI應用中多樣化的功能，例如作為AI助手、AI生成器和AI增強器等。作為AI助手，ChatGPT可以協助使用者處理自然語言的任務，回答問題，並提供智慧化的服務。作為AI生成器，ChatGPT可以生成文字、圖像和音樂等內容，豐富了AI應用的內容和表現形式。作為AI增強器，ChatGPT可以提升現有AI系統的性能，增加其智慧和自適應能力。

5-2-1 ChatGPT作為AI助手

ChatGPT其中一個重要的角色是作為AI助手。在這個角色中，ChatGPT可以成為使用者的智慧夥伴，協助處理自然語言的任務，並提供智慧化的服務。作為AI助手，ChatGPT可以回答使用者的問題，這對於處理常見的疑問和查詢非常有幫助。使用者可以透過與ChatGPT對話，獲取想要的資訊和答案，而無需手動搜尋網路。例如，使用者可以問ChatGPT

台灣的氣候如何？ChatGPT會根據它的訓練和語言模型，理解使用者的問題並給予適切的回答。

提示詞（**Prompt**）：

　　請問台灣的氣候如何？

ChatGPT回答畫面：

台灣位於亞熱帶及熱帶區間，因此其氣候主要分為兩種：熱帶濕潤氣候和亞熱帶氣候。以下是台灣氣候的一些特點：

1. 四季分明：
   - 春季（3月至5月）：天氣逐漸變暖，但還是有可能偶爾冷一下。春季時偶有春雨。
   - 夏季（6月至8月）：炎熱且濕潤，平均溫度可以超過30°C。夏季也是梅雨季節，接著是颱風季節，可能會有持續的雨和颱風帶來的大雨。
   - 秋季（9月至11月）：天氣開始轉涼，但仍然相對溫暖。秋季的天氣晴朗，視為許多人旅遊的好時機。
   - 冬季（12月至2月）：北部台灣偏涼，有時會有冷氣團下來使得氣溫降低，特別是在高海拔地區可能會有霜或雪。南部則較暖和。
2. 颱風：台灣每年夏季和初秋都可能受到颱風的影響。颱風除了帶來強風和大雨，也可能引發土石流或洪水等災害。
3. 地理差異：由於台灣地形的影響，從海岸到高山有著顯著的氣候差異。例如，平原地區冬季較為濕冷，而山區可能積雪；南部總體上較北部溫暖。
4. 濕度：台灣的濕度相對較高，特別是在夏季。

當考慮到台灣旅行時，建議根據自己的興趣和偏好（例如，避開颱風季或選擇天氣較為涼爽的時節）來選擇合適的旅行時間。

　　此外，ChatGPT還可以幫助使用者進行自然語言的任務處理。這包括翻譯文字、校對文章、分析文字內容等。對於有語言障礙的使用者或需要大量處理文字的工作，ChatGPT的幫助無疑是一大助益。它能夠快速、準確地處理文字，節省使用者寶貴的時間和精力。

　　ChatGPT還可以提供智慧化的服務，例如在線客服和智慧助理。許多公司和網站都使用ChatGPT作為其在線客服的核心，使用者可以透過與ChatGPT的對話，解決問題、尋求幫助或獲得支持。ChatGPT的快速回應和智慧化處理能力，使得這些在線客服更加高效和便捷。

總之，作爲AI助手，ChatGPT的優秀語言處理和生成能力使得它在解決問題、回答疑惑和提供智慧服務方面表現出色，成爲了人們在日常生活和工作中得力的助手。

5-2-2 ChatGPT作爲AI生成器

ChatGPT作爲AI生成器的角色同樣十分重要。它擁有強大的生成能力，可以創作多樣化的內容，如文字、圖像和音樂等，豐富了AI應用的內容和表現形式。

在文字生成方面，ChatGPT可以根據使用者的需求生成不同主題和風格的文章。這對於網站內容建立和資料生成非常有用。例如，一個電商網站可以使用ChatGPT生成商品描述和廣告詞，以吸引消費者的注意力。

提示詞（**Prompt**）：

我想推廣節能的環保電風扇，請生成商品描述和廣告詞。

ChatGPT回答畫面：

商品描述：

節能環保電風扇

- **節能技術**：採用先進的節能馬達，耗電量僅爲一般電風扇的60%。
- **環保材料**：全產品採用可回收材料製造，減少碳足跡，保護地球。
- **超靜音設計**：專利扇葉設計，提供寧靜的涼風，不打擾您的休息。
- **智能控制**：內建溫度感應器，自動調整風速，達到最佳節能效果。
- **持久耐用**：經過嚴格的品質檢測，確保產品長壽命與高效能。

廣告詞：

1. 「爲地球加風，爲您減電。」
2. 「涼風環保帶來，節能電風扇，是您家的最佳選擇！」
3. 「不只是風扇，更是愛地球的選擇！」
4. 「靜夜涼風，節能電風扇，讓您安心入睡。」
5. 「選擇節能，選擇未來。環保電風扇，爲明天努力。」

希望這些描述和廣告詞能夠助您一臂之力！如果需要進一步的調整或建議，請隨時告訴我。

新聞網站可以利用ChatGPT生成新聞報導，以擴充其新聞內容的範圍和深度。ChatGPT的生成能力可以讓這些內容看起來自然流暢，符合人類書寫風格。

提示詞（Prompt）：

請針對少子化對國家重大影響生成一篇新聞報導。

ChatGPT回答畫面：

國家面臨少子化危機：未來發展受威脅？

本報特派記者

隨著近年來生育率持續下滑，我國正面臨嚴重的少子化問題，這對國家的社會、經濟與文化發展均帶來了巨大的挑戰。少子化不僅僅是家庭結構的轉變，更是影響整體國家發展的重要因素。

1. **勞動人口短缺**：少子化的直接結果是勞動年齡人口的減少。企業面臨人手短缺，可能導致生產成本上升，企業競爭力減弱。此外，國家也將面臨更高的人才流失，使得創新和發展受到制約。
2. **社會保障壓力增加**：隨著老年人口比例上升，需要更多的社會資源來照顧這部分人口，如健康照護、退休金等。現行的社會保障制度可能難以維持，稅收負擔可能會增加。
3. **消費市場轉變**：少子家庭意味著消費結構的改變。例如，對於教育、娛樂和旅遊的需求將會減少，而對於醫療和養老的需求則會增加。
4. **文化傳承問題**：隨著新一代人口減少，文化傳承可能會受到挑戰。少子化也可能導致更少的青年參與社會活動和公共事務，對於社會創新和文化多元性形成制約。

為了應對少子化帶來的挑戰，我國政府已展開多項策略，包括提供生育津貼、延長產假、提供托兒服務、增加對老年人口的照護資源等。此外，鼓勵企業實施彈性工作制，以吸引更多勞動年齡人口參與工作也是政策方向之一。

面對少子化，國家需更具前瞻性和適應性，結合全國之力，尋求解決之道，確保國家的持續繁榮與發展。

此外，ChatGPT還可以用於創作故事、詩歌和小說等文學作品。它可以根據不同主題和情節生成引人入勝的故事情節，或者譜寫詩歌，展現豐富的文學情懷。

CHAPTER

5

提示詞（**Prompt**）：

請針對母愛的偉大創作一個感人的故事。

ChatGPT回答畫面：

母愛的光

在一個寧靜的小鎮上，住著一位名叫瑪麗亞的老婦人。她身邊只有一棵年代久遠的櫻花樹作伴，而那樹的存在，承載著她最深沉的秘密。

瑪麗亞的女兒蘇菲因一場意外而失明。在那之前，蘇菲最愛的就是春天時節，櫻花樹下的美景。那時，花瓣隨風飄舞，整片天空都是粉紅色的。失明後，蘇菲最大的心願就是能再次「看到」櫻花飄落的景象。

知道女兒的心願，瑪麗亞每年春天都會手工製作出數以千計的櫻花瓣，用絲線串起，然後在樹上緩緩放下。當蘇菲坐在櫻花樹下，瑪麗亞便輕輕拉動絲線，使得那些手工櫻花瓣緩緩飄落。雖然看不見，但蘇菲可以感受到櫻花瓣撲面而來的感覺，仿佛真的回到了她曾經見過的美景中。

蘇菲總是問："媽媽，這是真的櫻花嗎？"
瑪麗亞微笑回答："是的，寶貝，這是我們的櫻花。"

年復一年，即便雙手布滿了老人的斑點，瑪麗亞從未間斷過這個傳統。直到一年，當蘇菲再次坐到櫻花樹下，感受不到那熟悉的手工櫻花飄落，她知道，媽媽可能已經離開了。

蘇菲摸索著走到樹下，發現了一個小盒子，裡面放著那些手工的櫻花瓣和一封信："親愛的蘇菲，即使我不在你身邊，但我的愛將永遠伴隨著你，每一片櫻花瓣都是我對你無盡的思念和愛。"

那一刻，蘇菲淚流滿面，她知道，那不僅僅是櫻花的美麗，更是母愛的偉大和永恆。

此故事展現了母親對女兒的深沉愛意，以及為愛付出的努力和犧牲。

　　除了文字生成，ChatGPT的生成能力還可以擴充到圖像和音樂領域。它可以根據描述生成圖像，實現對圖像的創造性編輯。同樣地，ChatGPT可以生成音樂片段，甚至是整個音樂曲目，使得音樂創作更具多樣性和實驗性。

5-2-3 ChatGPT作為AI增強器

　　除了作為AI助手和AI生成器，ChatGPT還可以扮演AI增強器的角色。作為AI增強器，ChatGPT能夠提升現有AI系統的性能，增加其智慧和自適應能力。

　　在自然語言處理領域，ChatGPT可以用於增強機器翻譯系統的效果。傳統的翻譯系統往往依賴於固定的規則和模板，無法應對複雜的語言變化和上下文。ChatGPT的強大語言理解能力可以幫助翻譯系統更好地理解語言表達，提高翻譯質量和準確性。

　　此外，ChatGPT還可以用於增強智慧對話系統。傳統的對話系統往往是基於固定的對話流程和預定義的回答，缺乏靈活性和個性化。ChatGPT可以透過不斷的訓練和學習，不斷優化其回答的準確性和適切性，使得對話系統更加自然流暢和智慧化。

　　除此之外，ChatGPT的增強能力還可以應用於其他領域，如智慧推薦系統、自動駕駛和智慧控制等。它的語言理解和生成能力使得它可以更好地理解使用者需求和情境資訊，從而提供更智慧化的解決方案。例如有些車廠普遍認為，如果ChatGPT將被用於車輛智慧系統，這樣的結合，將可以讓新鮮感維持更久。

https://www.kocpc.com.tw/archives/483871

　　總之，ChatGPT在AI應用中具有多樣化的角色。作為AI助手，它可以協助處理自然語言的任務並提供智慧化的服務；作為AI生成器，它可以創作多樣化的內容，豐富了AI應用的表現形式；作為AI增強器，它可以提升現有AI系統的性能和智慧能力。

　　接下來的單元我們將介紹AI錄音、AI繪圖、AI影片和AI音樂等範例。透過這些範例，我們將呈現ChatGPT在不同AI領域中的應用效果和創新潛力。

5-3 AI錄音中的應用範例

　　AI錄音是指利用人工智慧技術對音訊進行智慧化處理和分析，例

如語音辨識、聲音合成和聲音增強等。AI錄音可以更準確地識別語音指令，實現更自然的語音合成，並幫助音訊設備在不同情境中進行更智慧化的應用。我們將透過具體案例呈現ChatGPT在AI錄音領域的應用效果，以及它為音訊技術帶來的嶄新突破。

舉例來說，PlayHT是一個在線工具，可以幫助你將文字內容轉成語音。對於想要提供聲音版本的部落格、新聞或其他文章的創作者來說超級方便。PlayHT使用先進的語音合成技術，輸出的語音跟真人說的很像。透過PlayHT，你可以選擇不同的語言和語音，還能調整說話的速度或音調等設定。使用這樣的工具，不只可以讓內容更加生動，也方便那些比較喜歡聽文章而不是讀的使用者。如果你想深入了解或是看看他們最新的功能，建議你直接上PlayHT的官網：

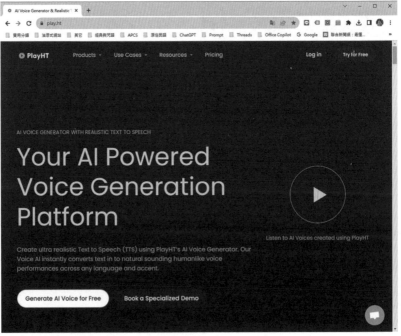

https://play.ht/

5-3-1 AI在語音辨識領域的應用

　　ChatGPT的語言理解能力使得它在語音辨識方面有著卓越的表現。語音辨識是將語音訊號轉換成可識別文字的過程，對於語音助手、自動語音轉文字等應用具有重要意義。

　　在語音助手方面，ChatGPT可以幫助語音助手更準確地識別使用者的語音指令。傳統的語音助手往往受限於固定的指令模板，對於一些複雜或非標準的指令可能無法正確理解。而ChatGPT的語言理解能力讓它可以更靈活地處理使用者的語音指令，從而提供更智慧化、個性化的服務。例如，使用者可以透過語音向語音助手詢問複雜的問題，而ChatGPT可以根據其豐富的語言知識，理解使用者的需求並給予適切的回答。

　　此外，ChatGPT還可以應用於自動語音轉文字技術中。在會議記錄、語音筆記等應用情境中，自動將語音轉換成文字是提高工作效率的重要手段。ChatGPT的語言理解能力使得它能夠更準確地識別語音內容並轉換成文字，減少語音辨識的錯誤率，提高文字轉換的準確性和可靠性。這對於業務會議記錄、語音教學錄製等情境都非常實用。

5-3-2 ChatGPT在聲音合成領域的應用

　　聲音合成是AI錄音中的另一個重要應用領域，指的是利用人工智慧技術生成自然流暢的語音或聲音。ChatGPT的生成能力使得它在聲音合成方面有著獨特的應用價值。傳統的語音合成技術常常聽起來呆板且不自然，而ChatGPT能夠根據其強大的語言模型生成更自然、流暢的聲音。

在語音合成應用中，ChatGPT可以用於語音合成引擎的優化。語音合成引擎是將文字轉換成自然語音的核心組件，而ChatGPT可以透過對文字輸入的理解和生成，幫助優化合成引擎的算法和模型。這樣的優化可以讓合成的語音聽起來更加自然、流暢，增強使用者的使用體驗。

此外，ChatGPT還可以應用於聲音合成產品的開發。傳統的語音合成產品常常需要大量的人工設計和語音庫支持，而ChatGPT可以透過學習大量的語言資料，生成更多樣化、個性化的聲音。這樣的應用讓聲音合成產品更具創造性和靈活性，滿足使用者不同需求。

5-3-3 ChatGPT在聲音增強領域的應用

聲音增強指的是利用人工智慧技術對音訊進行改進和增強，使其更具品質和清晰度。聲音增強的一個重要應用是在語音通話中的降噪和消除回音。透過ChatGPT的語言理解能力，系統可以識別並消除通話中的雜音和回音，從而提高語音通話的清晰度和質量。這對於遠距工作、線上會議等情境都非常有益。

另外，聲音增強還可以應用於音樂和影音娛樂領域。ChatGPT的生成能力使得它能夠生成更豐富、更高品質的音樂聲音。例如，ChatGPT可以用於音樂合成和混音，讓音樂作品更加豐富多樣。在影音娛樂方面，ChatGPT可以用於聲音修復和增強，提高影片的音效質量和觀影體驗。

5-4 ChatGPT在AI繪圖中的應用範例

AI繪圖是指利用人工智慧技術進行圖像生成、創作和設計等方面的應用。ChatGPT的語言生成能力使得它能夠將文字描述轉化為圖像，並生成藝術品、插圖、設計稿等多種形式的圖像內容。透過ChatGPT，AI繪圖可以實現更豐富多樣的圖像創作，豐富了設計和藝術領域的創意表現。

5-4-1 ChatGPT在圖像生成領域的應用

AI繪圖是利用人工智慧技術進行圖像生成、創作和設計等方面的應用。傳統的圖像生成往往需要複雜的圖像處理算法和大量的訓練資料，而ChatGPT可以透過自然語言描述，將文字轉化為圖像，實現更加智慧和創意的圖像生成。

在藝術領域，ChatGPT可以用於藝術品的生成和創作。藝術家可以透過描述一幅畫的內容、風格和情感等，讓ChatGPT生成對應的圖像。這樣的應用讓藝術創作更具多樣性和靈感，同時擴展了藝術家的創作視野。不僅如此，ChatGPT還可以用於藝術品的設計和改良，讓藝術家可以快速生成不同版本的作品，達到更好的藝術效果。

在設計領域，ChatGPT的應用也十分廣泛。設計師可以透過描述產品的特徵、功能和外觀等，讓ChatGPT生成對應的產品設計的操作步驟。這樣的應用可以節省設計師的時間和精力，同時提高設計效率和創意。ChatGPT還可以用於平面設計、廣告設計等領域，生成具有創意和吸引力的設計稿，豐富了設計領域的創作內容。

提示詞（**Prompt**）：

　　請以illustrator示範如何產生立體文字的效果。

ChatGPT回答畫面：

1. **建立文字:**
   - 打開Adobe Illustrator。
   - 使用文字工具（T圖示）在畫布上輸入所需的文字。
2. **選擇文字:**
   - 使用選擇工具（黑色箭頭），選中你輸入的文字。
3. **轉換文字成向量形狀:**
   - 前往「物件」>「展開」。這將使文字不再可以編輯，但可以作為形狀應用特效。
4. **產生3D效果:**
   - 有文字被選中的狀態下，前往「效果」>「3D」>「外凸」。
   - 這會打開一個對話框，你可以調整立體效果的各種參數，如「旋轉」以設定3D文字的方向或「深度」來設定文字的厚度。
5. **調整照明和表面細節:**
   - 在同一個「3D外凸」對話框中，你可以找到「照明」部分，這裡可以調整光源的位置，增加或減少亮度、高光等，以達到更加真實的3D效果。
   - 「表面」部分則允許你選擇不同的材質和渲染方法，使文字具有不同的質感。
6. **確認並完成:**
   - 確認你所設定的所有參數後，點擊「確定」。
7. **選擇性地添加陰影或其他效果:**
   - 使用「外觀面板」，您可以添加更多的圖層效果，例如陰影，以增強3D感。

5-4-2 ChatGPT在插圖設計中的應用

　　AI繪圖中的另一個重要應用領域是插圖設計。插圖是一種繪畫形式，常用於書籍、雜誌、漫畫等媒體中，用於補充和說明文字內容。ChatGPT夠根據文字描述生成相應的插圖，為文字內容增添豐富的視覺表現。此外，ChatGPT還可以用於漫畫和動畫的插圖設計。漫畫和動畫常常需要大量的圖像設計，包括人物造型、情境設計等靈感提供。

提示詞（**Prompt**）：

　　請提供設計具備時尚科技感的手機插圖。

ChatGPT回答畫面：

時尚科技感的手機插圖描述：

1. **形狀與尺寸：**
   - 輕薄的機身，邊角為圓滑的長方形，幾乎無邊框的螢幕。
2. **螢幕：**
   - 亮麗的OLED螢幕展示一個鮮明的星系背景，與地球的3D圖像。
   - 螢幕上還可以顯示一些未來感的半透明圖標，如太空船、太陽能板和科技感十足的數據圖表。
3. **材質與顏色：**
   - 手機外部使用光滑的玻璃或鍍膜金屬，具有鏡面效果，呈現出冷調的銀灰色或冷冰冰的藍色。
   - 當光線打在其上時，可以產生微妙的虹彩效果。
4. **功能按鈕與細節：**
   - 只有一個或兩個超薄的按鈕，並且它們都是觸摸感應式的。
   - 也許還有一個小而微妙的指紋識別器或是在螢幕下方的臉部識別鏡頭。
   - 邊框上的揚聲器和麥克風口都是微型的、幾乎看不見的。
5. **附加功能：**
   - 手機背部的相機配置呈現出未來感的幾何排列，例如三角形或蜂巢形狀。
   - 也可能有一個透明的背部，透露出內部繁複的電路板和閃亮的LED指示燈。

5-4-3 ChatGPT在圖像藝術創作中的應用

　　AI繪圖的另一個重要應用領域是圖像藝術創作。圖像藝術創作包括繪畫、攝影、數位藝術等形式，而ChatGPT的應用為這些形式帶來了新的創作方式和可能性。

在繪畫方面，ChatGPT可以用於生成藝術繪畫作品。藝術家可以透過描述繪畫作品的風格、顏色和主題等，讓ChatGPT生成相應的藝術繪畫。這樣的應用不僅拓展了藝術家的創作視野，同時豐富了藝術繪畫的形式和風格。

在數位藝術方面，ChatGPT可以用於生成數位藝術作品。數位藝術家可以透過描述數位藝術作品的形式、結構和意境等，讓ChatGPT生成相應的數位藝術作品。這樣的應用為數位藝術帶來了更多可能性和創意表現。

5-5 ChatGPT在AI影片中的應用範例

這一節將討論ChatGPT在AI影片領域的應用。AI影片是指利用人工智慧技術對影像進行處理和後期製作等方面的應用。ChatGPT的語言理解能力使得它可以更好地理解影片內容，並生成符合影片風格的文字描述和劇本。透過ChatGPT，AI影片可以實現更智慧化的影像處理，提供更豐富多樣的影片效果，同時也可以幫助影片創作者進行劇本創作和故事發展。

5-5-1 ChatGPT在影像處理中的應用

影片製作過程中，影像處理是不可或缺的一環。ChatGPT可以透過語言理解，更好地理解影片內容，從而進行更智慧化的影像處理。

在影片特效方面，ChatGPT可以幫助製作團隊生成更多樣化的特效效果。傳統的特效製作需要耗費大量的時間和資源，而ChatGPT的生成能力使得它可以根據描述生成特效效果，節省製作時間並提高特效效果的創意性。

YouTube很多創作者結合AI技術影片可以節省大量的時間

此外，ChatGPT還可以用於影片的色彩校正和後期調整。透過對影片內容的描述，ChatGPT可以理解影片的氛圍和風格，進而進行相應的色彩校正和後期調整，使影片呈現出更佳的視覺效果。

5-5-2 ChatGPT在劇本創作中的應用

AI影片中另一個重要的應用領域是劇本創作。劇本是影片創作的基石，影片的故事情節、角色對話和情境發展都依賴於劇本的寫作。ChatGPT的語言生成能力使得它可以幫助影片創作者進行劇本創作和故事發展。

在劇本創作方面，ChatGPT可以透過描述故事情節、角色性格和情感變化等，生成相應的劇本片段。這對於劇作家和導演來說，是一個寶貴的

創作工具。ChatGPT的生成能力可以激發創意，幫助創作者擴展劇本的內容和表現形式。

提示詞（Prompt）：

請給我幾個創作劇本的故事題材靈感。

ChatGPT回答畫面：

 當然可以！以下是幾個劇本的故事題材靈感，供您參考：

1. **宇宙郵差：**
   在遼闊的宇宙中，有一位專門負責傳遞宇宙各星球之間信件的郵差。每封信都蘊含著星球的命運，而郵差在傳遞過程中經歷了各種險境與冒險。

2. **回憶咖啡館：**
   一家神秘的咖啡館，顧客可以點一杯「回憶咖啡」，喝下後可以瞬間回到過去的某一刻。但每次回到過去都有代價，那是什麼呢？

3. **夢中人：**
   每當主人公夢見某人時，那人隔天就會消失。為了救自己深愛的人，主人公必須尋找打破這一詛咒的方法。

4. **最後的語言：**
   在一個遠未來的世界，人們已不再使用言語交流，只靠思想。但有一天，一位老者開始說話，他是最後一位知道語言的人。

5. **時間的沙漏：**
   主人公意外發現一個可以倒轉的沙漏。當沙漏倒轉，時間也跟著逆流。他開始用這能力試圖修正一些過去的錯誤，但卻引發了更大的混亂。

6. **消失的色彩：**
   世界上的顏色開始一一消失，從紅色開始，然後是橙色、黃色... 人們的情感也受到影響。一群藝術家組成的團隊，決定找回失落的色彩。

7. **無法傳達的信息：**
   主人公能聽到他人心裡的聲音，但無法與他人語言交流。在這種狀況下，他如何與他人建立關係，並解決他人的困境呢？

希望這些靈感可以幫助您開始劇本的創作！如果您需要進一步發展某個故事題材，請隨時問我。

提示詞（Prompt）：

請根據上述的「消失的色彩」創作故事給我的大綱架構。

ChatGPT回答畫面：

場景一：和諧的彩色世界

- 故事開始於一個充滿色彩的城市，街道、建築、人群都散發著鮮明的顏色。人們的情感也與他們所穿的顏色相關聯，例如紅色代表愛與激情，藍色代表平靜和理智。

場景二：紅色的消失

- 一天，城市裡的紅色突然消失，街道、建築物、甚至人們的衣物上的紅色都變成了灰色。隨著紅色的消失，愛和熱情的情感也消失了。

場景三：情感的混亂

- 隨著其他顏色也逐漸消失，人們開始陷入情感的混亂。沒有了顏色，他們失去了表達情感的方式，人與人之間的互動變得冷漠。

場景四：藝術家的召集

- 一群藝術家決定團結起來，試圖找回失落的色彩。他們開始探索城市的每個角落，尋找色彩消失的原因。

場景五：顏色的源泉

- 藝術家們發現城市中央有一個古老的噴泉，被稱為「顏色的源泉」。傳說中，所有的顏色都來自這個噴泉。但噴泉已經乾涸，且被一道神秘的力量封印。

場景六：破解封印

- 透過各種線索和歷史文獻，藝術家們發現封印噴泉的原因：當城市居民忘記了情感的真正價值時，顏色就會消失。要恢復色彩，他們必須喚起城市居民的真正情感。

場景七：喚回色彩

- 藝術家們在城市中央舉辦了一場大型的藝術展覽，展示他們對情感的理解。城市居民被深深地打動，開始重新感受情感的價值。

場景八：顏色的重生

- 隨著人們的情感喚醒，「顏色的源泉」再次湧出五光十色的水，城市中的色彩也逐漸恢復。

結局：彩色的未來

- 城市重回色彩繽紛的模樣，但居民不再把色彩視為理所當然。他們珍惜每一種顏色，並深知每一種顏色背後的情感意義。

CHAPTER

5

　　此外，ChatGPT還可以用於角色對話的創作。角色對話是影片中表現角色性格和關係的重要手段。透過對角色對話的描述，ChatGPT可以生成符合角色性格和情感的對話內容，使影片的角色更加生動。

提示詞（Prompt）：

　　請提供天使與惡魔兩種角色對話的創作。

ChatGPT回答畫面：

場景：一間昏暗的書房，一名中年男子正坐在桌前，猶豫是否簽下眼前的契約。此時，天使與惡魔分別出現在他的兩邊肩膀上。

天使："不要做這件事。簽下這份契約，你將會失去比你得到的更多。"

惡魔："哼，總是這麼保守。簽下它，你想要的一切都將成真。名利雙收，這不是你夢寐以求的嗎？"

天使："真正的幸福與滿足不是來自於外界的名利，而是內心的平靜和真誠的人際關係。這份契約的代價太高，你將失去自己和家人的信任。"

惡魔："天使總是說些空洞的大道理。現在的機會不是每天都有，這是一步到達巔峰的跳板，把握住它！"

天使："請問你，當你站在那高峰上，四周都是虛偽和孤寂，那會是你真正想要的生活嗎？"

惡魔："孤獨？哈哈！你將會有眾多的追隨者，應酬不斷，每天都過著充實的生活。這些都遠比那些所謂的「真誠的人際關係」要來得有趣多了！"

天使："但那些追隨者真的關心你嗎？還是只是關心你的名和利？當困難來臨，他們還會站在你身邊嗎？"

惡魔："那又如何？他有能力，有錢，有地位，他可以買到一切他想要的，包括忠誠。"

天使："真正的忠誠和愛是無法用金錢衡量的。記住，外在的物質總會消逝，只有真實的感情和良知會伴你一生。請做出正確的選擇，不要為了短暫的誘惑而後悔一生。"

5-5-3 ChatGPT在影片故事發展中的應用

　　影片故事發展是影片製作中至關重要的一環。一個好的故事發展可以吸引觀眾，讓影片更具吸引力和感染力。在這方面，ChatGPT的語言理解能力可以幫助影片創作者進行故事發展和情節設計。透過描述故事情節的發展和高潮，ChatGPT可以生成相應的故事發展劇本。這可以幫助創作者更好地掌握故事節奏和情節轉折，使影片的故事更加吸引人。

　　此外，ChatGPT還可以用於故事情節的改良和優化。透過描述影片中的情節和情感變化，ChatGPT可以幫助創作者找到故事發展中的不足和改進之處，提高影片的故事質量和表現效果。

提示詞（**Prompt**）：

　　請根據上述的對話故事情節優化改良。

CHAPTER

5

ChatGPT回答畫面：

場景: 古老的城堡內，一個燭光照明的密室。中年男子，名叫雷恩，正坐在桌前，眼前的契約上繪有古老的印記和符號。雷恩的眼神充滿掙扎。此時，天使與惡魔分別出現在他的兩側。

天使 (柔和地說): "雷恩，這份契約可能帶給你一時的權力與富貴，但它要求的代價遠遠超過你能想像的。"

惡魔 (誘惑地說): "想想看，雷恩。這份契約能給你無盡的權力，你再也不必在這陰冷的城堡中生活。你可以成為王者，掌控一切。"

天使: "真正的力量不是來自外界的權威，而是來自內心的善良與堅韌。這份契約會讓你失去親近你的人，甚至連自己的靈魂。"

惡魔: "哈哈! 多麼天真! 在這殘酷的世界上，只有權力才能保護你和你愛的人。別再聽這天使的空話了，成為王者吧!"

天使: "雷恩，我知道你的心中有一份對家族的承諾和對土地的愛。但請問，當權力讓你變得孤獨，失去真正關心你的人，那還值得嗎?"

惡魔 (嘲諷地): "他當然不會孤單，有無數人會仰慕他，效忠於他。他將成為真正的傳奇!"

天使: "權力和地位是瞬息萬變的。而真正的愛、誠信和家族的羈絆卻是永恆的。雷恩，不要被表面的誘惑所迷惑，聽從你內心深處的聲音。"

雷恩深吸了一口氣，思考了片刻，然後決定將契約投入旁邊的火盆中。火焰隨即吞噬了那份契約。天使微微一笑，向他點頭致意。而惡魔則咆哮著消失在黑暗中。

總結來說，ChatGPT在AI影片領域的應用為影片製作帶來了新的可能性和創意表現。在影像處理方面，ChatGPT可以實現更智慧化的影像處理，生成更多樣化的特效效果和色彩調整。在劇本創作方面，ChatGPT的語言生成能力可以幫助劇作家和導演進行劇本創作和角色對話的設計。在

故事發展方面，ChatGPT可以幫助影片創作者進行故事發展和情節優化。ChatGPT在這些應用領域的成果將不斷豐富和創新影片製作技術，推動影片藝術的發展和進步。

5-6 ChatGPT在AI音樂中的應用範例

最後，這一小節將介紹ChatGPT在AI音樂領域的應用。AI音樂是指利用人工智慧技術進行音樂生成、創作和演奏等方面的應用。ChatGPT的語言生成能力賦予它可以生成音樂作品和創作，並模仿不同樂器演奏風格。透過ChatGPT，AI音樂可以幫助音樂家進行創作，豐富了音樂創作和表演領域。

5-6-1 ChatGPT在音樂生成中的應用

音樂生成是指利用AI算法和模型，根據一定的規則和訓練資料，生成新的音樂作品。ChatGPT可以透過自然語言描述音樂的風格、節奏和情感等，生成相應的音樂作品。

在音樂創作方面，ChatGPT可以幫助音樂家生成新的音樂作品。音樂家可以透過描述音樂的主題、情感和風格等，讓ChatGPT生成相應的音樂樂譜。這樣的應用不僅激發了音樂家的創作靈感，同時豐富了音樂創作的多樣性。

例如音樂版ChatGPT來了！Google AI音樂生成器MusicLM已開放註冊使用。各位只要輸入提示詞（prompt），例如輸入「慶生時輕快的音樂」之類的提示，MusicLM就會自動幫你創作出兩個版本的曲目供你選擇！

https://dacota.tw/blog/post/google-musiclm

　　MusicLM是Google發佈的一種音樂生成式AI模型，它能夠根據一個或兩個單詞提示生成完整的5分鐘曲目，例如有旋律的電子樂、搖擺樂和輕鬆的爵士樂。只需提供一段描述，MusicLM模型就可以文本自動生成符合場景的音樂。

　　此外，MusicLM還可以建立在現有的旋律之上，即無論是哼唱、演唱、吹口哨還是在樂器上演奏，MusicLM都可以繼續創建音樂，保障音樂不失真，帶來各種創造性的可能。這些都讓其保真效果比其它系統好。

　　AI音樂的另一個重要應用領域是音樂演奏。音樂演奏是指利用AI技術模仿樂器演奏的過程，使AI系統能夠像真正的音樂家一樣演奏出美妙的音樂。在這方面，ChatGPT的語言生成能力可以幫助AI系統學習和模仿不同樂器的演奏風格。透過描述不同樂器演奏的技巧和風格，ChatGPT可以幫助AI系統模仿出逼真的樂器演奏效果。這對於一些特定樂器或演奏

風格較爲困難的音樂作品來說，具有重要的意義。例如，在古典音樂中，模仿古琴、古箏等樂器演奏風格是一個具有挑戰性的任務，而ChatGPT的應用可以幫助AI系統更好地學習和模仿這些風格。

此外，ChatGPT的應用還可以幫助音樂家進行音樂表演。音樂表演是音樂藝術的重要一環，而ChatGPT的語言生成能力可以幫助音樂家描述音樂表演的情感和表現要點，提高音樂表演的品質和感染力。對於一些特定曲目的演奏，ChatGPT的應用可以讓音樂家更好地理解和詮釋作品，使音樂表演更加精彩動人。

總之，在音樂生成方面，ChatGPT可以幫助音樂家進行創作和音樂風格仿眞。在音樂演奏方面，ChatGPT可以幫助AI系統模仿樂器演奏風格，實現更眞實的音樂演奏效果。在音樂創意和表演方面，ChatGPT的應用可以豐富音樂創作和表演的多樣性，使音樂藝術更加豐富多彩。

第二篇　網路行銷篇

## 第六章

ChatGPT 與網路行銷

網路行銷是一個重要的應用領域，將ChatGPT與網路行銷結合，不僅為企業和品牌提供了更智慧、更個性化的行銷策略，同時也提高了網路行銷的效率與成效。

在本章中，我們將首先介紹網路行銷的基礎知識，包括網路行銷的概念、重要元素和常用策略等，讓讀者對網路行銷有一個全面的了解。接著，我們將探討如何使用ChatGPT進行網路行銷，包括ChatGPT的特點、應用方法和技巧，幫助讀者更好地運用ChatGPT進行網路行銷活動。

最後，我們將透過具體的應用範例，展示ChatGPT在網路行銷中的優秀表現和應用效果，並深入探討其對網路行銷的影響和創新。

6-1 網路行銷基礎知識

在這個資訊發達、科技蓬勃的時代，網路行銷已成為企業和品牌不可或缺的一部分。隨著網際網路的普及和數位科技的進步，人們的生活越來越與網路緊密相連，網路已成為人們了解資訊、交流互動的重要平台，而企業和品牌也越來越重視在網路上進行行銷活動。本小節將介紹網路行銷的基礎知識，幫助讀者全面了解網路行銷的概念、重要元素和常用策略，從而更有效地運用網路行銷在商業競爭中取得優勢。

6-1-1 網路行銷的定義和意義

　　網路行銷，簡單來說，就是指利用網際網路和數位科技進行商品或服務的推廣和銷售活動。在這個全球化、數位化的時代，網路行銷已經成為企業和品牌不可或缺的一部分。無論是大企業還是小型創業家，都需要利用網路行銷來拓展客戶群、提升品牌形象，實現商業目標。

　　網路行銷之所以如此重要，主要原因有以下幾點：

● 巨大的受眾覆蓋範圍：網際網路已成為全球性的通訊平台，幾乎涵蓋了全球所有地區的使用者。透過網路行銷，企業可以輕鬆觸達到更廣闊的受眾，無論是國內市場還是國際市場。

● 低成本高效益：相較於傳統的廣告宣傳方式，網路行銷更加經濟實惠且效果顯著。企業可以透過社群媒體、網站、搜尋引擎等平台進行廣告宣傳，將廣告推送給目標客戶，節省了廣告媒體購買的成本。

● 個性化定制：網路行銷可以根據使用者的偏好和需求，進行個性化的推廣和服務。這樣不僅可以提高使用者的參與度和滿意度，還可以更好地把握市場需求，推出更符合使用者期待的產品和服務。

● 即時互動和反饋：透過網路行銷，企業可以與使用者實現即時互動，了解使用者的需求和反饋，及時調整行銷策略和產品優化，提高市場反應速度和競爭力。

　　總的來說，網路行銷已經成為現代商業發展中不可或缺的一環，它不僅提供了全新的行銷通路和手段，同時也為企業帶來了更多商機和競爭優勢。

6-1-2 網路行銷的重要元素

　　在網路行銷中，有幾個重要元素是不可或缺的，它們共同構成了一個成功的網路行銷策略。

CHAPTER

6

● 網站設計：企業的網站是網路行銷的基礎，也是企業在網路上展示形象
　和服務的重要平台。良好的網站設計不僅要具有吸引力和易用性，還需
　要符合搜索引擎的優化要求，提高搜索排名，吸引更多潛在客戶。

● 搜尋引擎優化（SEO）：SEO是提升網站在搜索引擎排名中的可見性和
　排名的一系列技術手段。透過合理的關鍵詞選擇、內容優化和外部連結
　等方式，提升網站在搜索引擎中的排名，增加使用者流量。

● 社群媒體行銷：社群媒體已成為現代人交流互動的重要平台，也是網路
　行銷的重要一環。企業可以透過社群媒體建立與使用者的直接溝通和互
　動，增加品牌曝光度和使用者參與度。

● 內容行銷：內容是網路行銷的核心，良好的內容可以吸引使用者的注
　意，提供有價值的資訊，增加使用者對品牌的信任和好感，進而促成交
　易。

● 電子郵件行銷：電子郵件是一種直接有效的溝通方式，企業可以透過郵
　件發送促銷資訊、新產品資訊、客戶回饋調查等，保持與使用者的長期
　聯繫和互動。

● 付費廣告：除了自然搜索外，企業還可以透過付費廣告增加網站流量和
　品牌曝光。在搜索引擎、社群媒體等平台上購買廣告位，吸引更多潛在
　客戶。

● 影片行銷：影片是網路行銷中極具吸引力的內容形式，企業可以透過製
　作有趣、有用的影片來吸引使用者，提升品牌形象和知名度。

● 互動行銷：互動行銷是透過提供互動式的內容和活動，吸引使用者參與
　和分享。例如舉辦抽獎活動、問卷調查等，增加使用者參與度和品牌曝
　光度。

　　這些元素相互結合，形成了一個完整的網路行銷策略，幫助企業更好
地在網路上推廣品牌和產品，已經成為企業和品牌成功的關鍵之一。

6-2 使用ChatGPT進行網路行銷

本小節將深入探討如何使用ChatGPT進行網路行銷，幫助讀者充分發揮ChatGPT的優勢，提升網路行銷的效率和成效。

6-2-1 選擇和應用合適的ChatGPT模型

在使用ChatGPT進行網路行銷時，選擇合適的模型是非常重要的。目前，有許多ChatGPT的變體可供選擇，如GPT-3.5、GPT-4等，每個模型都有其獨特的特點和功能。選擇合適的模型取決於企業的需求和預算，以及應用場景的複雜程度。

在應用ChatGPT時，還需要進行模型的訓練和調整，以確保其在特定任務中的良好表現。模型訓練需要大量的資料和計算資源，因此企業需要確保有足夠的資料和計算資源來支持模型的訓練過程。此外，模型的調整也是非常重要的一環，它可以幫助模型更好地適應特定任務，提高其性能和準確度。

6-2-2 使用ChatGPT進行網路行銷的實用技巧和策略

使用ChatGPT進行網路行銷時，有一些實用技巧和策略可以幫助企業和品牌獲得更好的效果。

首先，建立引人入勝的內容是至關重要的。利用ChatGPT生成具有吸引力和趣味性的內容，能夠吸引更多使用者的關注和參與。

其次，智慧客服和互動行銷是使用ChatGPT的另一個重要應用領域。ChatGPT可以幫助企業建立智慧回答系統，自動回覆使用者的問題，提供更迅速和個性化的客戶服務。此外，ChatGPT還可以用於社群互動和品牌推廣，與使用者進行更深入的交流和互動，提高使用者參與度和品牌忠誠度。

總而言之，ChatGPT作爲網路行銷中的新利器，其應用將爲企業和品牌帶來更加智慧和個性化的網路行銷體驗。企業和品牌可以充分發揮ChatGPT的特點和優勢，根據自身需求選擇合適的模型，並運用實用技巧和策略，提升網路行銷的效率和成效，贏得更多使用者和市場份額。

6-3 ChatGPT及Bing Chat在網路行銷中的應用範例

本小節將透過具體的應用範例，展示ChatGPT在網路行銷中的優秀表現和應用效果。我們將首先介紹ChatGPT在內容行銷中的應用，包括如何利用ChatGPT生成引人入勝的文章和影片內容，提升內容行銷的效果和影響力。

接著，我們將展示ChatGPT在智慧客服中的應用，如何利用ChatGPT構建智慧回答系統，提供更迅速和個性化的客戶服務。

最後，我們將探討ChatGPT在社群媒體行銷中的應用，包括如何運用ChatGPT進行社群互動和品牌推廣，吸引更多使用者參與和關注。

6-3-1 ChatGPT在內容行銷中的應用

內容行銷在現代網路行銷中扮演著關鍵的角色。企業和品牌透過提供有價值的內容來吸引使用者，增加使用者對品牌的好感和信任。ChatGPT在內容行銷中的應用已經成爲熱門趨勢，它可以幫助企業輕鬆生成引人入勝的文章和影片內容。

舉例來說，一家時尚品牌可以使用ChatGPT來創作時尚購物指南。ChatGPT可以透過學習大量時尚相關內容，生成具有吸引力且風格獨特的文章，指導使用者如何搭配服裝，挑選適合的時尚單品。這樣的內容不僅能吸引潛在客戶，還能提升品牌在時尚界的影響力和知名度。

6-3-2 商品行銷小編

　　ChatGPT在銷售方面的應用也越來越廣泛。它可以幫助企業與潛在客戶進行即時互動，解答客戶問題，增強客戶體驗。本單元將介紹如何利用Bing Chat發想產品特點、關鍵字與標題，並利用Bing Chat撰寫FB、IG、Google、短影片文案，以及如何利用Bing Chat發想行銷企劃案。

　　接著我們將示範如何活用Bing Chat撰寫行銷文案，主要目的是要以「數位新知雲端創新學院」為例完整示範如何請Bing Chat撰寫行銷文案。

https://digital.zct.com.tw/

6-3-3 利用Bing Chat摘要產品特點

　　產品特點、關鍵字與標題的設計對於任何產品的成功都具有重要性。透過精心選擇的特點、有力的關鍵字和吸引人的標題，企業可以有效地吸引目標客群的注意力，建立品牌形象並增加銷售量。在本小節中，我們將探討如何運用ChatGPT來發想具有獨特特點、關鍵字和標題的產品，以提升其競爭力和市場吸引力。透過這些策略和方法，企業可以建立出令人印象深刻且具有吸引力的產品形象，從而在競爭激烈的市場中脫穎而出。

● 請教Bing Chat行銷產品的摘要特點

提問：

> 請簡介數位新知雲端創新學院（https://digital.zct.com.tw/）。

回答畫面：

數位新知雲端創新學院是一個教育部校園數位內容與教學軟體[1]。它包含相當豐富多元的課程，例如APCS、人工智慧、演算法、資料結構、影像處理、大數據、電競與遊戲設計、電子商務、網路行銷等現代資訊社會必備的所有課程[1]。本系統軟體型態是Web的方式呈現，適用可以以瀏覽器開啟網頁的任何作業系統，例如：Windows、Unix、Mac OS X、IOS、Android...等[1]。本網站使用 HTML5, Google Chrome 支援度較佳，建議使用 Chrome 瀏覽器進行速記學習與測驗[1]。

此外，數位新知雲端創新學院還可以輔助自主學習學生規畫自學之需求，並搭配資訊科技課程，老師可利用本系統進行預習、輔助演示重要觀念及教學內容以及進行複習與補救教學[1]。希望這些信息對您有所幫助！

深入了解： 1. sdc.org.tw　2. edu.cdri.org.tw　3. cmsh.khc.edu.tw　　1 之 30 ●

● 找出賣點的關鍵字

提問：

> 請列出數位新知雲端創新學院的幾個重要關鍵字。

回答畫面：

數位新知雲端創新學院的幾個重要關鍵字包括：

- 教育部校園數位內容與教學軟體
- 豐富多元的課程
- Web型態軟體
- HTML5
- Google Chrome
- 自主學習
- 資訊科技課程
- 預習、輔助演示、複習與補救教學

這些關鍵字涵蓋了數位新知雲端創新學院的主要特點和功能。希望這些信息對您有所幫助！

2之30 ●

● 推薦行銷文案標題

提問：

> 我想寫一篇行銷文案，請列出針對上述幾個重要關鍵字重點，列出5個
> 行銷文案的標題。

回答畫面：

針對數位新知雲端創新學院的幾個重要關鍵字，我為您列出了以下5個行銷文案的標題：

1. 教育部校園數位內容與教學軟體：數位新知雲端創新學院

2. 豐富多元的課程：數位新知雲端創新學院帶領您走向未來

3. Web型態軟體：數位新知雲端創新學院隨時隨地學習

4. 自主學習：數位新知雲端創新學院助您成長

5. 資訊科技課程：數位新知雲端創新學院引領您走向科技前沿

這些標題都強調了數位新知雲端創新學院的主要特點和優勢，希望能夠幫助您撰寫行銷文案。祝您好運！

3之30 ●

6-3-4 利用Bing Chat寫社群平台文案

在現今數位行銷的時代，社交媒體平台如Facebook、Instagram（IG）和Google成為企業推廣產品和服務的重要管道。此外，短影片也因其生動有趣的特性在行銷中扮演著關鍵角色。在本小節中，我們將探討如何利用Bing Chat創作引人注目且引發觀眾興趣的文案，並適應各個平台的特性和需求。

我們將討論如何運用Bing Chat撰寫出吸引人的FB、IG、Google和短影片文案。透過這些策略和方法，企業可以最大限度地吸引目標受眾的注意力，提高品牌曝光度，並增加業務成果。

● 撰寫FACEBOOK社群行銷文案

提問：

請針對「掌握數位創新趨勢，成就你的成功之路」這個標題寫一篇適合Facebook平台的社群行銷文案。

字數：150字以內

廣告目標：吸引對資訊科技線上課程有興趣的使用者

文案風格：專業

回答畫面：

掌握數位創新趨勢，成就你的成功之路！數位新知雲端創新學院為您提供豐富多元的資訊科技線上課程，讓您隨時隨地學習最新的數位技能。我們的課程涵蓋人工智慧、演算法、資料結構、影像處理、大數據、電競與遊戲設計、電子商務、網路行銷等領域，幫助您掌握數位創新趨勢，邁向成功之路。立即加入我們，讓數位新知雲端創新學院助您成長！

4 之 30 ●

● 撰寫IG社群行銷文案

提問：

請針對「數位行銷大師的秘密武器，讓你的品牌瞬間引爆」這個標題寫一篇適合IG平台的社群行銷文案。

字數：150字以內

廣告目標：吸引對網路行銷或社群行銷線上課程有興趣的使用者

文案口吻：活潑、幽默

回答畫面：

數位行銷大師的秘密武器，讓你的品牌瞬間引爆！數位新知雲端創新學院為您提供最專業的網路行銷和社群行銷線上課程，讓您輕鬆掌握數位行銷的秘密武器。我們的課程涵蓋電子商務、網路行銷、社群媒體運用等領域，幫助您打造品牌形象，吸引更多客戶。立即加入我們，讓數位新知雲端創新學院助您成為數位行銷大師！

5 之 30 ●

● 撰寫Google平台的廣告文案

提問：

> 請針對「數據分析駕馭商機，開啓成功之門」這個標題寫一篇適合
> Google平台的廣告文案。
> 字數：150字以內
> 文案風格：專業

回答畫面：

> 數據分析駕馭商機，開啟成功之門！數位新知雲端創新學院為您提供最專業的數據分析線上課程，讓您輕
> 鬆掌握數據分析的技能。我們的課程涵蓋大數據、資料結構、演算法等領域，幫助您深入了解數據分析的
> 原理和方法，掌握商機，邁向成功之路。立即加入我們，讓數位新知雲端創新學院助您成為數據分析大
> 師！
>
> 6之30 ●

● 撰寫抖音短影片腳本

提問：

> 請針對「從雲端技術到無限可能，啓發你的數位創業夢想」這個標題
> 寫一篇一分鐘短影片腳本。
> 必須以條列式方式呈現，且必須有短影片角色設定。
> 字數：150字以內

回答畫面：

短影片角色設定：一位年輕的創業家

1. 開場白：「從雲端技術到無限可能，啟發你的數位創業夢想。」

2. 創業家介紹自己的故事：「我曾經是一名普通的上班族，但我一直有一個夢想，那就是創業。」

3. 創業家談論雲端技術的優勢：「雲端技術讓我們可以隨時隨地存取資料，並且能夠快速部署應用程式。」

4. 創業家分享如何利用雲端技術創業：「我利用雲端技術建立了一個線上商店，並且成功吸引了許多客戶。」

5. 結尾：「雲端技術為我們帶來了無限的可能，讓我們一起探索數位創業的夢想吧！」

7之30 ●

6-3-5 ChatGPT在智慧客服中的應用

　　智慧客服是網路行銷中的重要應用領域，它可以幫助企業提供更迅速和個性化的客戶服務，增強客戶體驗和忠誠度。ChatGPT在智慧客服中的應用可以實現自動回答系統，即時回覆使用者的問題，解決使用者的疑問和問題。

　　舉例來說，一家電子產品公司可以使用ChatGPT建立智慧客服系統。ChatGPT可以學習大量的產品資訊和常見問題，並生成準確且具有人性化的回答。當使用者有問題時，智慧客服系統可以自動回覆使用者的問題，提供解決方案和建議。這樣的智慧客服系統不僅可以節省客服人力成本，還能提高客戶滿意度和忠誠度。

提示詞（**Prompt**）：

　　請扮演iPhone手機智慧客服的角色來協助解決會突然關閉App的障礙排除。

ChatGPT回答畫面：

當然可以，很高興為您服務！當iPhone的App突然關閉時，通常可能是由於軟體問題或是該App的問題所導致。以下是一些建議的解決步驟：

1. **重新啟動iPhone:**
   有時僅僅是重新啟動手機就可以解決很多小問題。

2. **更新您的App和iOS:**
   確保您的App和iOS都是最新版本。有時軟體更新會修復已知的問題。
   - 更新App: 打開「App Store」>點擊右上角的頭像 > 看是否有可用的更新。
   - 更新iOS: 進入「設定」>「一般」>「軟體更新」。

3. **檢查儲存空間:**
   如果您的iPhone儲存空間快滿了，這也可能是App突然關閉的原因。建議清除不必要的檔案或應用程式，或考慮購買更多的iCloud儲存空間。

4. **刪除並重新安裝該App:**
   有時重新安裝App可以解決問題。首先，長按該App的圖示，選擇「刪除App」。然後再到App Store重下載並安裝它。

5. **還原App的設定:**
   有些App允許您重置或清除其快取。進入「設定」，找到有問題的App，查看是否有這些選項。

6. **重置所有設定:**
   如果以上方法都不奏效，您可以考慮重置所有設定。這不會刪除您的個人資料，但會還原所有系統設定。
   - 進入「設定」>「一般」>「重置」>「重置所有設定」。

7. **聯絡App開發者:**
   如果只有某個特定的App有問題，建議您直接聯絡該App的開發者。通常在App Store的該App頁面下方都可以找到開發者的聯絡資訊。

8. **嘗試其他解決方法:**
   如果問題仍未解決，考慮使用iTunes或Finder（macOS Catalina或更新版本）備份您的iPhone，然後進行完全還原。這是最後的選項，因為這會使您的iPhone回到出廠設定。

希望上述建議可以幫助您解決問題。如果仍有任何疑慮或困難，請告訴我，我會盡量協助您！

6-3-6 ChatGPT在社群媒體行銷中的應用

社群媒體已經成為網路行銷中不可或缺的一部分。企業和品牌可以透過社群媒體與使用者建立直接溝通和互動，增加品牌曝光度和使用者參與

CHAPTER

6

度。ChatGPT在社群媒體行銷中的應用可以增強互動體驗，吸引更多使用者參與和關注。

　　舉例來說，一家電子商務平台可以使用ChatGPT來進行社群互動。ChatGPT可以根據使用者的評論和問題，生成有趣且具有個性化的回答。這樣的互動方式不僅能提高使用者參與度，還能增加使用者對品牌的好感和信任，進而促成交易和轉化。

提示詞（Prompt）：

　　請問你有哪些互動方式可以提高使用者參與度，以增加使用者對品牌的好感和信任。

ChatGPT回答畫面：

提高使用者參與度是許多品牌追求的目標，因為這可以增強使用者對品牌的好感和信任。以下是一些可以提高使用者參與度的互動方式：

1. **故事講述 (Storytelling):**
   以故事的形式傳達品牌訊息，使使用者有更深度的連結和情感投入。

2. **社交媒體活動:**
   - 舉辦競賽或抽獎
   - 問答互動、投票或調查
   - 邀請使用者分享自己的故事或經驗

3. **使用者生成內容 (UGC):**
   鼓勵使用者創建與品牌相關的內容，如照片、影片或文章，並在社交媒體上分享。

4. **虛擬現實 (VR) 和擴增實境 (AR):**
   透過這些技術提供沈浸式的體驗，使使用者能更深入地體驗品牌。

5. **互動式內容:**
   創建互動式的網頁、遊戲、問答、測驗等，提供使用者有趣的體驗。

6. **個性化推薦:**
   根據使用者的行為和偏好，提供個性化的產品或內容推薦。

7. **實時客服和聊天機器人:**
   為使用者提供及時的回應和協助，增強使用者的信任感。

8. **工作坊和活動:**
   舉辦實體或線上的工作坊、研討會或活動，讓使用者直接與品牌互動。

9. **忠誠度計劃:**
   透過積分、獎勵或折扣，鼓勵使用者持續參與和互動。

10. **意見回饋:**
    定期請求使用者的意見和建議，並根據回饋進行改善，讓使用者感受到他們的聲音被重視。

11. **品牌大使計劃:**
    選擇一些對品牌有熱情的使用者，讓他們成為品牌大使，代表品牌參與各種活動。

　　綜合來說，ChatGPT在網路行銷中的應用範例多樣化且令人驚嘆。它在內容行銷中可以幫助企業創作引人入勝的內容，提升品牌影響力；在智慧客服中可以建立自動回答系統，提供迅速和個性化的客戶服務；在社群媒體行銷中可以增強互動體驗，吸引更多使用者參與和關注。企業和品牌可以充分發揮ChatGPT的潛力，創造更智慧和個性化的網路行銷體驗，贏得更多使用者的喜愛與支持。

CHAPTER

6

## 第七章

ChatGPT 與網頁設計

　　隨著網際網路的發展，網頁設計已經成為現代網路世界中不可或缺的一部分。設計良好的網頁設計可以增強使用者體驗，提升品牌形象，並促進網站的流量和轉換率。本章將深入探討ChatGPT與網頁設計的結合，介紹ChatGPT在網頁設計中的應用，並透過範例呈現其在這一領域的優秀表現和應用效果。

Tips　流量和轉換率

流量（Traffic）通常指的是一個網站、應用程序或其他線上平台在特定時間段內的訪問量或訪問者數量。例如：如果一個網站在一天之內有1000個獨立的訪問者，那麼這個網站的「日流量」就是1000。流量可以透過各種通路獲得，例如搜尋引擎、社交媒體、廣告、直接訪問等。

而轉換率（Conversion Rate）是一個比率或百分比，表示從某個動作或活動中獲得的結果與這個動作或活動的總次數的比例。在網路市場行銷的語境中，它通常指的是訪問者完成某個預定目標（如購買、註冊、下載等）的比例。轉換率的公式如下：

$$轉換率 = \frac{完成預定目標的訪問者數量}{總訪問者數量}$$

例如：如果一個網店在一天內有1000個獨立訪問者，其中有50人購買了商品，那麼該店的「轉換率」就是5%。這兩個指標對於評估網路行銷策略的效果和網站性能都非常重要。高流量表示你的網站受到了大量的訪問，但只有配合一定的轉換率，你才能確定訪問者是否在你的網站上完成了你希望他們完成的動作。

7-1 網頁設計基礎知識

網頁設計是指建立和設計網頁的過程，包括網站的佈局、視覺設計、使用者互動等。在本小節中，我們將介紹網頁設計的基礎知識，幫助讀者了解網頁設計的核心概念和原則。

首先，我們將解釋網頁設計的定義和意義，說明其在現代網路環境中的重要性和作用。其次，我們將探討網頁設計的基本元素，如顏色、排版、圖像等，以及這些元素在網頁設計中的運用原則。

最後，我們將介紹響應式設計和使用者體驗設計，這些是現代網頁設計中不可或缺的重要概念，對於提升使用者體驗和訪問者轉換率至關重要。

7-1-1 網頁設計的定義和意義

網頁設計是一門藝術和科學的結合，它不僅關乎美學和視覺呈現，更涉及到使用者體驗和互動設計。一個良好的網頁設計能夠吸引使用者的目光，讓使用者在網站上停留更長時間並提高轉換率。了解網頁設計的意義對於企業和品牌在網路環境中的成功至關重要。

CHAPTER

7

提示詞（**Prompt**）：

請說明網頁設計對於企業和品牌的重要意義。

ChatGPT回答畫面：

 網頁設計對於企業和品牌具有深遠的重要意義。一個良好的網頁設計不僅提供了使用者友好
的體驗，還有助於塑造品牌形象、提高可信度和驅動業務增長。以下是網頁設計對企業和品
牌的幾個重要方面的說明：

1. 品牌形象建立：
   * 一個專業的網站可以立即給訪問者留下深刻的印象，強化品牌的視覺語言和核心價值，使
     品牌在市場上更加突出和認可。
2. 用戶體驗：
   * 良好的網頁設計考慮到用戶的需求，使其能夠快速、容易地找到所需的信息或完成特定操
     作，從而提高用戶的整體滿意度。
3. 搜索引擎優化 (SEO)：
   * 優質的網頁設計與SEO策略緊密相關。良好的網頁結構和高質量的內容可提高網站在搜索
     引擎中的排名，吸引更多的流量。
4. 提高轉換率：
   * 清晰的呼叫行動、直觀的導航和信任標誌都可以增加訪問者轉化為客戶的可能性，從而驅
     動銷售和業務增長。
5. 建立信任：
   * 一個專業、時尚、且功能完善的網站可以讓訪問者認為企業是值得信賴的。反之，一個過
     時或難以使用的網站可能會導致潛在客戶懷疑企業的可靠性。
6. 移動適應性：
   * 隨著移動裝置的使用越來越普及，網頁設計需要確保在各種屏幕尺寸上都能提供一致和友
     好的體驗，這也關乎到企業的可達性和市場覆蓋。
7. 競爭優勢：
   * 在競爭激烈的市場環境中，具有吸引力的網頁設計可能是企業與競爭對手區別開來的一個
     重要因素。

總的來說，網頁設計不僅是視覺表現的藝術，它更是企業與用戶互動、傳達品牌價值和驅動
業務目標的重要手段。對於現代企業來說，投資於高質量的網頁設計是確保長期成功的關鍵
之一。

7-1-2 網頁設計的基本元素

網頁設計的基本元素包括顏色、排版、圖像、導航等，它們是網頁設

計的基礎和核心。顏色選擇和配色方案能夠影響使用者情緒和印象，排版設計可以提高內容可讀性和吸引力，而圖像和導航則直接影響使用者的導向和互動。透過深入了解這些基本元素的運用原則，設計師能夠創造出更具吸引力和功能性的網頁作品。

提示詞（**Prompt**）：

　　請說明網頁設計顏色、排版、圖像、導航的基本元素的運用原則。

ChatGPT回答畫面：

 網頁設計包含多個重要的元素，每個元素都對整體設計和用戶體驗有深遠的影響。以下是網頁設計中顏色、排版、圖像、導航的基本運用原則：

1. 顏色 (Color)
   - 心理影響：顏色可以引發特定的情感和心理反應，例如藍色常被視為穩定和可靠，紅色可能引起緊張或興奮。
   - 品牌一致性：顏色應該與品牌的視覺識別保持一致，以建立品牌認同。
   - 對比：確保文本和背景之間有足夠的對比，以提高可讀性。
2. 排版 (Typography)
   - 可讀性：字體選擇應該易於閱讀，並適合長時間的閱讀。
   - 層次感：使用不同的字體大小和權重來建立視覺層次，使重要的信息突出。
   - 行距和字距：適當的行距和字距可以提高文本的可讀性。
   - 限制字體選擇：通常建議最多使用2-3種不同的字體。
3. 圖像 (Images)
   - 高質量：圖像應該是高分辨率的，且不會在放大時失真。
   - 相關性：圖像應與內容相關，並支持或增強訊息。
   - 優化：圖像應該經過優化，以確保網頁加載速度快。
   - 版權：確保您有權使用圖像，並避免版權侵犯。
4. 導航 (Navigation)
   - 直觀性：用戶應能夠容易地找到他們想要的信息或完成特定的動作。
   - 簡潔性：避免過多的導航選項，可能會使用戶感到困惑。
   - 一致性：在整個網站中保持導航的一致性，使用戶知道他們隨時都可以找到他們需要的地方。
   - 突出重要的動作：例如「購買」或「註冊」按鈕應該更加突出。

當選擇和應用這些元素時，最重要的是保持用戶為中心的設計思維。一個成功的網頁設計應該將這些元素融合起來，創建一個既吸引人又功能強大的用戶體驗。

7-1-3 響應式設計與使用者體驗設計

　　響應式設計是指設計網頁能夠自動適應不同設備和螢幕大小，確保使用者在不同平台上都能獲得良好的瀏覽體驗。而這些使用者體驗設計則關乎使用者在網站上的互動體驗，包括網站的易用性、導航設計、互動元素等。這些設計原則對於提升使用者滿意度和轉換率至關重要，幫助企業和品牌在激烈的網路競爭中脫穎而出。

提示詞（**Prompt**）：

　　請簡介響應式設計的設計原則。

ChatGPT回答畫面：

響應式設計（Responsive Design）是一種網頁設計方法，旨在確保網站在各種不同的裝置和屏幕尺寸上都能夠提供最佳的閱讀和使用體驗。以下是響應式設計的主要設計原則：

1. **流動的網格系統 (Fluid Grids)：**
   - 使用百分比而非固定的像素值來定義網頁元素的寬度和位置，這使得網頁的佈局可以隨著裝置的屏幕尺寸而自動調整。
2. **彈性的圖像 (Flexible Images)：**
   - 圖像的大小也應該是彈性的，以確保它們不超出其容器元素的邊界。這通常可以使用CSS的 `max-width` 屬性來實現。
3. **媒體查詢 (Media Queries)：**
   - 使用CSS媒體查詢來應對不同的裝置特性，如寬度、高度、解析度等。這使得設計師可以針對特定的裝置或屏幕尺寸定義不同的樣式規則。
4. **適當的交互設計：**
   - 考慮到不同的裝置（如桌面、平板和手機）可能需要不同的交互方式，如滑動、點擊等。
5. **優化性能：**
   - 由於移動裝置的網絡連接可能比桌面慢，所以要確保網頁內容載入迅速，減少圖像和其他資源的大小，並避免不必要的元素。
6. **移動設備優先 (Mobile First)：**
   - 這是一種設計策略，首先考慮到移動裝置的需求和限制，然後再逐步增加更多的功能和樣式以適應更大的屏幕。
7. **測試與反復：**
   - 確保在各種裝置和瀏覽器上測試設計，以保證用戶在任何環境下都獲得最佳的體驗。

響應式設計的目的是確保用戶不論在什麼裝置上都能夠輕鬆地訪問和使用網站，而不需要進行縮放、平移或滾動。這不僅提高了用戶的體驗，也有助於SEO優化，因為搜索引擎（特別是Google）偏好響應式設計的網站。

　　網頁設計的基礎知識是設計師和開發者打造優秀網站的基石。透過了解網頁設計的核心概念和原則，企業和品牌能夠提供更具吸引力和功能性的網站，贏得使用者的喜愛和信賴。

7-2 使用ChatGPT進行網頁設計

　　在本小節中，我們將探討如何運用ChatGPT進行網頁設計，幫助讀者充分發揮ChatGPT的優勢，創造更具創意和效果的網頁設計作品。

7-2-1 ChatGPT的特點和優勢

　　利用ChatGPT，設計師可以更快速地產生高質量的網頁內容，同時增加網站的互動性和使用者參與度。ChatGPT的優勢在於提供更具創意和個性化的網頁設計方案，幫助企業和品牌在激烈的網路競爭中脫穎而出。例如我們可以請ChatGPT協助生成關於多國語言線上軟體高質量的網頁介紹文案。

提示詞（Prompt）：

　　請協助生成關於多國語言線上軟體高質量的網頁介紹文案。

ChatGPT回答畫面：

 多國語言線上軟體：打破語言壁壘，世界觸手可及！

🌏 **全球無界限**
在這個數位時代，跨國交流與合作已成為日常。我們的多國語言線上軟體確保您不再受語言限制，無論您身在何處，都能順利溝通。

🚀 **高效且準確**
採用先進的語言處理技術和AI學習算法，我們的軟體提供迅速且高度準確的翻譯，確保您的信息毫無失真。

🌐 **支持多種語言**
從英語、中文到小語種，我們支援超過100種語言，滿足您全球業務的需要。

🔒 **資料保護**
您的隱私是我們的首要任務。所有翻譯的內容都受到強大的加密保護，確保您的資料安全不被外洩。

💡 **直觀的使用者介面**
簡單易用的設計，讓每一位使用者都能快速上手。不論您是初學者或是專家，都能輕鬆使用。

使用我們的多國語言線上軟體，打開全球的大門，與世界建立無縫的連接！

7-2-2 使用ChatGPT進行網頁設計的實用技巧和策略

　　ChatGPT可以幫助設計師快速生成引人入勝的文字內容，使網站內容更具吸引力和魅力。例如我們可以要求ChatGPT針對已生成或自己撰寫的文案修改成較具吸引力的文案內容，請參考底下的提問範例：

提示詞（**Prompt**）：

請針對底下的介紹文案修改成較引人入勝的文字內容。

產品介紹：

記憶大量資訊就好像刷油漆一樣，必須以一面牆爲單位，反覆多層次的刷，刷出來的牆才會均勻漂亮。油漆式速記法就是將刷油漆的概念應用在快速記憶，是一種「大量、全腦、多層次迴轉」的速讀與速記方法，它利用右腦圖像直覺聯想，與結合左腦理解思考練習，搭配高速大量迴轉與多層次題組切換式複習，達到全腦學習奇蹟式的相乘效果。因此，簡單易學的油漆式速記法，其記憶速度有如風馳電轍般的臺灣高鐵。

油漆式速記法應用在單字速記的原理，結合了高速的速讀，並配合大量的迴轉複習，達到快速記憶的目的。希望透過眼球的快速移動、視幅擴大、定點閃字、不定點閃字、多字同步顯示的面積式速讀、色彩刺激及瞬間感知能力的訓練，再同步配合多重感官的刺激，迅速將單字記憶轉換爲長期記憶。

油漆式速記多國語言雲端學習系統。這套系統是利用本公司獨家發明的油漆式速記法原理所建構完成，配合教育部的全英語授課（English as a Medium of Instruction, EMI）與國際教育政策，內容包含了國內外十幾種著名的英語檢定與20種第二外語相關檢定及本土語學習系統（日、韓、德、西、法、越、泰、印尼、臺語等），目前已開放六大類試用版本。

產品特色

「油漆式速記法」是一種積極開發大腦潛能的天然記憶法，不但融入了速讀與速記的技巧，更加入了視覺（瞬間記憶）、聽覺（真人發音）、觸覺（鍵盤操作）的多重感官刺激效果，設計出許多語言學習的線上輔助工具。無論是銀髮族、上班族或學生族，都可以自行透過油漆式系統來自主學習，不用花大錢去補習班上課，稱得上是最經濟有效的宅教育。本平台的各種版本包括：「認知性測驗」、「回溯性測驗」、「聯想性測驗」、「觸覺性測驗」、「多感官測驗」，並透過「速讀」、「回溯」與「圖像刺激」三道環節，來達到活化大腦與快速記憶單字的超強效果。

需求規格

本系統軟體型態是Web的方式呈現，適用可以以瀏覽器開啓網頁的任何作業系統，例如：Windows、Unix、Mac OS X、IOS、Android等。本網站使用HTML5，Google Chrome支援度較佳，建議使用Chrome瀏覽器進行速記學習與測驗。

ChatGPT回答畫面：

 多國語言極速學習：油漆式速記法

✿ 產品亮點 ✿

打破傳統的記憶法！就像專業的油漆工匠為牆面塗上層層緊密的油漆，油漆式速記法利用大腦的左右兩側能力，為你帶來全新、迅速且持久的記憶體驗。速度之快，猶如台灣高鐵切過風景，瞬間到達目的地。

⊕ 油漆式速記多國語言雲端學習系統

此創新系統結合油漆式速記法的精髓，應用於全球語言學習，與教育部的全英語授課政策相結合，提供多達20種不同語言的學習資源。無論你想學英語、日語、韓語或其他語言，我們都有提供。

✸ 產品特色

* 多感官學習：結合視覺、聽覺和觸覺，讓學習變得更加深刻。
* 自主學習：從學生到上班族，都可以依照自己的節奏學習，省去昂貴的補習費用。
* 多元測驗：設有各種測驗模式，活化大腦，增強記憶。

🖥 技術規格

* 全平台適用：無論你使用Windows、Mac OS X、IOS還是Android，只要能上網就能學。
* 最佳體驗：建議使用Google Chrome瀏覽器，以獲得最佳學習效果。

7-3 ChatGPT在網頁設計中的應用範例

　　除了前面提到的ChatGPT可以幫助設計師快速生成優質的網頁內容，吸引更多使用者並提升SEO排名。利用ChatGPT，設計師可以生成引人入勝的文章、產品描述和網站介紹，增加使用者對於網站的黏著度和信任感。ChatGPT可以根據使用者的搜尋意圖和關鍵字，生成符合SEO要求的內容，提升網站在搜尋引擎中的排名，增加流量和曝光率。

提示詞（**Prompt**）：

　　請給我五個較會引人感興趣文章標題並符合SEO規範，與關鍵詞「多國語言線上軟體」相關。

ChatGPT回答畫面：

1. "多國語言線上軟體: 2023年度最受歡迎的5大選擇!"
2. "學習語言的新趨勢: 多國語言線上軟體如何幫助你快速掌握?"
3. "超越傳統學習! 體驗最頂尖的多國語言線上軟體功能特色。"
4. "語言學習不再是難題: 多國語言線上軟體帶來的革命性策略。"
5. "為何多國語言線上軟體是21世紀語言學習的黃金標準?"

這些標題結合了引人入勝的語言與關鍵詞，有助於吸引使用者的關注並增加點擊率，同時也適應SEO的最佳實踐。

7-3-1 ChatGPT在使用者互動設計中的應用

　　使用者互動是網頁設計中極為重要的一環，而ChatGPT可以幫助設計師生成動態互動元素，增加使用者黏著度和參與度。ChatGPT可以用於設計智慧對話窗口，提供個性化的客戶服務和問答互動，增加使用者對於網站的信任和滿意度。此外，ChatGPT還可以用於生成互動式表單和問卷調查，使使用者參與網站的活動和意見反饋更加便捷和有趣。

提示詞（**Prompt**）：

　　請協助生成關於「多國語言線上軟體」網站滿意度調查的互動式表單

ChatGPT回答畫面：

多國語言線上軟體滿意度調查

1. 如何得知我們的軟體？
   - ☐ 朋友推薦
   - ☐ 搜索引擎
   - ☐ 社交媒體
   - ☐ 其他：_____
2. 使用目的是什麼？
   - ☐ 學習語言
   - ☐ 商務交流
   - ☐ 旅遊
   - ☐ 其他：_____
3. 對軟體的整體滿意度？
   - ☐ 非常滿意
   - ☐ 滿意
   - ☐ 一般
   - ☐ 不滿意
4. 軟體界面易用性？
   - ☐ 非常同意
   - ☐ 同意
   - ☐ 無感
   - ☐ 不同意
5. 使用過程中的問題或困難？
   - ☐ 加載速度慢
   - ☐ 界面不直觀
   - ☐ 翻譯不準
   - ☐ 其他：_____
6. 希望增加的功能或特點？
   ☐_____
7. 建議或反饋？
   ☐_____

7-3-2 ChatGPT在網頁設計創意中的應用

　　最後，我們將探討ChatGPT在網頁設計創意中的應用。設計師可以利用ChatGPT的語言生成能力進行網站故事講述和品牌敘事，打造獨特且引人入勝的網頁體驗。ChatGPT可以生成豐富多樣的內容，包括故事情節、產品背景故事和品牌宣傳文案，使網站充滿故事性和情感共鳴。這樣的創意應用可以增強網站的獨特性和吸引力，吸引更多使用者長時間停留並深入了解品牌故事。

提示詞（**Prompt**）：

　　請協助打造一位高中生使用「多國語言線上軟體」網站的教學內容，外語能力短時間大幅進步的引人入勝的故事。

ChatGPT回答畫面：

標題：

高中少女小潔：如何在三個月內掌握三種語言的奇幻旅程！

在典型的高中校園裡，小潔是個平凡的女孩，天天埋首於繁重的課業，不過，她擁有一個不為人知的夢想：能和世界各地的人自由交流。

某日，她得知學校即將舉辦一場國際文化交流活動，這次活動將有三國學生參加：日本、法國和西班牙。小潔看到這麼好的機會，心中萌生了一個念頭：她要在三個月內學會這三國的語言。

大家都說這是「不可能」的挑戰，但小潔不以為然。她開始四處搜尋線上語言學習平台，最終選擇了「多國語言線上軟體」網站。

小潔每天利用午休和晚上的時間，在這個平台上沉浸於語言學習之中。這個網站的互動式學習方法，加上真人發音與即時反饋，讓小潔的學習效率倍增。三個月下來，她不僅學會了基礎的交流能力，更在法語歌曲和西班牙語小說中找到了樂趣！

活動當天，小潔用流利的日語問候了日本代表團，並與法國學生用法語討論了他們喜歡的電影，最後用西班牙語與西班牙同學分享了臺灣的特色小吃。

全校師生都驚訝於小潔的語言才華，她成為了該次活動的焦點人物。但對小潔來說，她最得意的不僅是學到了三種語言，而是透過這次經歷，她體會到了學習語言的樂趣，並獲得了與世界交流的自信！

這就是小潔的故事，一個用決心和網路資源，挑戰自我、跨越語言障礙的高中生。現在，小潔已開始探索她的第四、第五種語言，她的世界從此變得無邊無際。

　　ChatGPT在網頁設計中的應用範例展示了它的多功能性和創意性，為設計師提供了更多靈感和可能性。透過運用ChatGPT的優勢，設計師能夠打造更具吸引力和個性化的網頁作品，同時提升網站的內容品質和使用者體驗。ChatGPT在網頁設計中的應用範例豐富多彩，它將為設計師和企業帶來更多創意和可能性，推動網頁設計領域的不斷進步和創新。例如下一

個例子我們直接要求ChatGPT以JavaScript一個猜數字遊戲網頁。

提示詞（**Prompt**）：

　　請使用JavaScript實作一個猜數字遊戲，並將程式碼寫在同一份HTML檔。

ChatGPT回答畫面：

```html
<!DOCTYPE html>
<html lang="en">
<head>
    <meta charset="UTF-8">
    <meta name="viewport" content="width=device-width, initial-scale=1.0">
    <title>猜數字遊戲</title>
</head>
<body>
    <h2>猜數字遊戲</h2>
    <p>請輸入一個 0-100 之間的數字:</p>
    <input type="number" id="numberInput" min="0" max="100">
    <button onclick="guessNumber()">猜測</button>
    <p id="message"></p>

    <script>
        let secretNumber = Math.floor(Math.random() * 101);  // 隨機生成0-100
        let attempts = 0;

        function guessNumber() {
            const userGuess = Number(document.getElementById("numberInput").
            attempts++;

            if (userGuess < secretNumber) {
                document.getElementById("message").innerText = `太小了! 你已經
            } else if (userGuess > secretNumber) {
                document.getElementById("message").innerText = `太大了! 你已經
            } else {
                document.getElementById("message").innerText = `恭喜! 你猜對了
                // 重新生成數字
                secretNumber = Math.floor(Math.random() * 101);
                attempts = 0;
            }
        }
    </script>
</body>
</html>
```

CHAPTER

7

## 第八章

ChatGPT 與搜尋引擎最佳化

在現代數位時代，搜尋引擎最佳化（SEO）是網路行銷和品牌推廣中不可或缺的一環。優化SEO策略能夠使網站在搜尋引擎中獲得更高的排名，增加流量和曝光，進而吸引更多潛在客戶和使用者。本章將深入探討ChatGPT與搜尋引擎最佳化的關聯，介紹SEO的基礎知識和ChatGPT在優化SEO策略中的應用，並透過具體範例呈現ChatGPT在SEO中的卓越成效。

8-1 SEO基礎知識

在這個數位時代，搜尋引擎最佳化（SEO）已成為網站成功的關鍵因素之一。然而，要實現優秀的SEO成績，必須建立牢固的基礎知識，深入了解SEO的核心概念和運作原則。本小節將帶領讀者進入SEO的精彩世界，探索其基礎知識，從而在競爭激烈的網路環境中脫穎而出。

8-1-1 SEO的定義和意義

SEO是指一系列的優化策略和技巧，主要的目的在提升網站在搜尋引擎中的排名和可見性。當潛在使用者在搜尋引擎輸入相關關鍵字時，希望自己的網站能夠顯示在搜尋結果的前幾頁，這樣才有更大的機會被使用者

點擊進入。

　　SEO不僅僅是提高排名，更重要的是吸引目標使用者，增加網站流量，提高使用者體驗，最終實現網站的商業目標。

提示詞（**Prompt**）：

　　請問SEO常見的優化策略和技巧。

ChatGPT回答畫面：

> T　SEO（搜尋引擎優化）是一個持續的過程，目的是優化網站以獲得更好的搜尋引擎排名，從而增加網站流量。以下是一些常見的SEO優化策略和技巧：
>
> 1. **關鍵字研究：**
>   * 使用工具，如Google關鍵字計劃工具、SEMrush、Ahrefs等，來研究和選擇與您業務相關的關鍵字。
>   * 了解長尾關鍵字，它們通常具有較低的競爭性，且具有特定的搜索意圖。
> 2. **優化頁面標題和描述：**
>   * 確保每個頁面的標題和描述都包含目標關鍵字。
>   * 描述應該吸引人且具有說服力，使用戶點擊您的網站連結。
> 3. **URL結構：**
>   * 使用簡短且描述性的URL。
>   * 包含目標關鍵字。
> 4. **內容優化：**
>   * 創建高質量、獨特且與目標受眾相關的內容。
>   * 使內容易於讀取和理解，使用標題、子標題和列表。
> 5. **內部鏈接：**
>   * 使用內部鏈接將您的頁面互相連接，這有助於增強網站結構並提高頁面權重。
> 6. **外部鏈接：**
>   * 從高權威性的網站獲得背鏈。
>   * 避免使用黑帽技巧或購買鏈接。
> 7. **移動優化：**
>   * 確保網站在移動設備上運行良好，因為移動搜索的比例不斷增加。
> 8. **速度優化：**
>   * 優化圖片大小、使用CDN、減少不必要的插件和腳本以提高網站加載速度。
> 9. **結構化數據：**
>   * 使用結構化數據標記，如Schema.org，來幫助搜尋引擎更好地理解和展示您的網站內容。

8-1-2 搜尋引擎的工作原理

　　了解搜尋引擎的工作原理對於優化SEO至關重要。我們將可以藉助ChatGPT剖析搜尋引擎是如何運作的，從而了解為什麼一些網站能夠排名在前面，而另一些則排名較低。搜尋引擎使用複雜的演算法來評估網站的品質和相關性，並根據這些指標進行排名。我們將介紹一些主要的搜尋引擎，例如Google、Bing等，並解釋它們的排名機制和演算法。

提示詞（**Prompt**）：

　　請介紹Google的排名機制和演算法。

ChatGPT回答畫面：

> Google的排名機制和演算法非常複雜，且經常進行更新。這些演算法是為了確保用戶能夠得到最相關、最高質量的搜索結果。以下是Google排名機制和演算法的一些基本介紹：
>
> 1. **PageRank：**
>   * Google最早的排名算法之一，評估網頁的重要性。基本上，它考慮到指向網頁的其他網頁的數量和質量。
>   * PageRank的思想是：如果一個頁面被很多其他高質量的頁面鏈接，那麼它可能也是一個高質量的頁面。
> 2. **內容相關性：**
>   * Google評估頁面內容與用戶搜索詞的相關性。使用了多種算法來理解內容的意義和上下文。
> 3. **RankBrain：**
>   * 是Google的機器學習演算法，用於幫助處理未知或新的搜索查詢。它會試圖將查詢與已知的查詢相關聯，以提供更好的結果。
> 4. **移動優先索引：**
>   * 由於移動搜索的增加，Google現在首先考慮網站的移動版本，而不是桌面版本，進行索引和排名。
> 5. **站點速度：**
>   * 網站加載速度成為了一個重要的排名因素，因為它直接影響到用戶體驗。
> 6. **HTTPS：**
>   * 使用安全的HTTP協議（即HTTPS）的網站可能會得到排名的提升。
> 7. **使用者體驗和互動：**
>   * 如點擊通過率（CTR）、停留時間、頁面深度等指標可能影響排名。
> 8. **內部鏈接和外部鏈接：**
>   * 良好的內部鏈接結構可以幫助搜索引擎更好地理解網站內容。高質量的外部鏈接也是排名的重要因素。
> 9. **社交信號：**
>   * 雖然Google已經表示社交信號（如"喜歡"或"分享"）直接不影響搜索排名，但它們間接地表明內容的受歡迎程度和可靠性。
> 10. **內容的深度和品質：**
>
> * 高質量、深入且原創的內容通常獲得更好的排名。

□ Stop generating

提示詞（**Prompt**）：

　　請介紹Bing的排名機制和演算法。

ChatGPT回答畫面：

　Bing，由微軟公司運營，雖然在全球市場份額上不如Google，但它仍然是一個重要的搜索引擎，尤其在某些地區和人群中。Bing的排名機制和演算法與Google有許多相似之處，但也有其獨特之處。

以下是Bing排名機制和演算法的一些要點：

1. 內容質量：
    * 跟Google一樣，Bing也極度重視內容的質量。它偏好深入、詳盡的內容，且對重複、低質量的內容進行懲罰。
2. 關鍵字相關性：
    * Bing重視頁面標題、URL和meta標籤中的關鍵字，更傾向於確切匹配的關鍵字。
3. 回鏈質量：
    * 跟Google一樣，Bing也注重鏈接的質量而非數量。它特別重視.gov和.edu的鏈接，認為這些網域有更高的權威性。
4. 社交信號：
    * 與Google相比，Bing似乎更重視社交信號，如分享和推文等。
5. 技術優化：
    * Bing更重視網站的技術結構，如網站地圖、robots.txt、HTTPS等。
6. 使用者互動：
    * 点击通过率（CTR）、用户停留时间等用户互动指标也是Bing考慮的因素之一。
7. 頁面加載速度：
    * Bing也考慮頁面的加載速度作為排名因素之一。
8. 移動適應性：
    * 跟Google一樣，Bing也重視網站在移動設備上的優化。
9. 位置相關性：
    * Bing特別重視用戶的地理位置，以提供更相關的地方搜尋結果。
10. 明確的語言標記：

    * 由於Bing在多語言搜尋的處理上有些不同，確保網站有明確的語言和地區標記是很重要的。

8-1-3 影響網站排名的關鍵因素

要優化SEO，必須了解影響網站排名的關鍵因素。我們將介紹這些因素，包括內部因素和外部因素。內部因素主要指網站自身的結構和內容，例如關鍵字選擇、網站架構、內容品質等。外部因素則涉及到其他網站對你的網站的影響，例如外部連結的數量和品質、社群媒體分享等。

8-2 使用ChatGPT優化SEO策略

隨著ChatGPT的逐漸成熟，它所具備的卓越語言理解和生成能力，爲優化SEO帶來了全新的可能性。本小節將深入探討如何運用ChatGPT來優化SEO策略，以提高網站的搜尋排名和使用者體驗。

8-2-1 ChatGPT在SEO中的優勢和應用價值

首先，我們將介紹ChatGPT在SEO中的優勢和應用價值。例如：在關鍵字研究中，ChatGPT可以幫助我們找到更多相關的關鍵字和搜尋詞彙，以優化網站的內容。

提示詞（**Prompt**）：

我想推廣有關多國語言學習的線上學習網站，請幫忙找到更多相關的關鍵字。

ChatGPT回答畫面：

 當你想要推廣一個多國語言學習的線上學習網站時，選擇正確的關鍵字是至關重要的。以下是一些建議的關鍵字，你可以根據自己的網站內容和目標人群進一步細分和擴展：

1. 多國語言學習
2. 線上語言學習
3. 語言學習平台
4. 語言學習app
5. 多語言學習網站
6. 最佳語言學習方法
7. 跨語言學習
8. 學習多語言的優勢
9. 線上語言課程
10. 線上外語教學
11. 語言學習資源
12. 語言交換平台
13. 免費語言學習網站
14. 多語言學習技巧
15. 語言學習策略
16. 快速學習外語方法
17. 多語言學習挑戰
18. 語言學習社群
19. 語言學習工具
20. 語言學習軟件推薦

除了以上的關鍵字，你還可以針對特定語言（如：學習英語、學習法語、學習日語等）或特定語言等級（如：初級英語學習、中級西班牙語課程）進行更深入的關鍵字探索。

建議使用關鍵字工具，如Google Keyword Planner、Ahrefs或SEMrush，以更科學的方法找到高搜尋量且競爭度較低的關鍵字，這將有助於優化你的網站並提高搜索引擎的排名。

此外，ChatGPT還可以用於生成高品質的內容，提升網站的權威性和受歡迎程度。這些應用價值將為我們優化SEO策略帶來更多可能性。

提示詞（Prompt）：

請協助生成關於多國語言學習的線上學習網站的介紹文案內容。

ChatGPT回答畫面：

 當然可以！以下是一篇關於多國語言學習的線上學習網站的介紹文案：

全球語言學習網 — 您的語言學習之旅的最佳夥伴

想要學習新的語言，但不知道從何開始？尋找一個完美的平台，結合了專家的教學和互動式學習體驗？歡迎來到全球語言學習網 — 讓您從世界各地的語言中選擇，並透過我們的平台進行深度學習。

為什麼選擇全球語言學習網？

- **多元語言選擇**：從英語、法語到日語、阿拉伯語，我們提供超過20種不同語言的課程。
- **專家教學**：所有課程都由語言教育專家設計，確保您獲得最佳的學習體驗。
- **互動式學習**：透過模擬對話、視頻教學和即時反饋，我們的平台為您提供了真正互動的學習環境。
- **彈性學習時間**：無論您是在家、在路上，或是在休息時，隨時都可以進行語言學習。

加入全球語言學習網，與來自世界各地的學生一起，開啟您的多語言學習之旅。我們相信，每一種語言都是打開世界的一把鑰匙，而您正持有這把鑰匙。現在就註冊，探索更多！

此介紹文案為示範用，您可以根據自己的網站特點和目標人群進一步調整和優化。希望能對您有所幫助！

8-2-2 使用ChatGPT優化SEO的實用技巧和策略

　　最後，我們將分享一些使用ChatGPT優化SEO的實用技巧和策略。我們將探討如何運用ChatGPT來生成更具吸引力的標題和內容，吸引更多使用者的訪問和參與。

提示詞（**Prompt**）：

　　我想在網站上上傳有關提示工程師（Prompt Engineer）的線上影音培訓課程，請提供具吸引力的課程標題名稱。

ChatGPT回答畫面：

當然可以！以下是一些具吸引力的"提示工程師（Prompt Engineer）"線上影音培訓課程的標題名稱建議：

1. 提示大師班：成為提示工程師的終極指南
2. 從零到專家：提示工程師快速入門
3. 提示工程師的核心技巧：打造高效命令行環境
4. 命令行魔法：提示工程師的藝術和科學
5. 提示工程之旅：專業培訓，瞬間提升技能
6. 深度探索提示工程：從基礎到高級技巧
7. 提示界的巨人：學習成為頂尖的工程師
8. 提示工程師秘籍：快速、高效且有組織
9. 命令行英雄：提示工程師的完整指南
10. 提示實戰：實際案例解析與技能鍛煉

這些建議旨在激發您的創意，您可以根據課程的具體內容和目標學員進一步調整和完善。希望對您有所幫助！

　　另外一些使用者互動設計的技巧，以提高使用者在網站上的參與度和黏著度。這些實用技巧和策略將幫助我們充分發揮ChatGPT的優勢，以優化我們的SEO策略，提升網站的搜尋可見性和使用者參與度。

提示詞（**Prompt**）：

　　如何在線上影音網路平台加入互動設計的技巧，來提高使用者在網站上的參與度和黏著度。

ChatGPT回答畫面：

　在線上影音網路平台中加入互動設計可以增強使用者體驗，進而提高參與度和黏著度。以下
是一些技巧和方法，協助你在影音網站上整合互動元素：

1. **互動式測驗和投票：**
   - 在影片播放結束或某個段落後，加入測驗或投票讓觀眾參與。這不僅增加參與度，也使觀
     眾更深入地了解內容。
2. **影片內的點擊連結：**
   - 使用熱區或彈出框，允許觀眾點擊影片中的特定區域，進一步了解詳細資訊或相關內容。
3. **章節劃分：**
   - 在長影片中加入章節劃分，使觀眾可以直接跳轉到他們感興趣的部分。
4. **實時聊天或留言：**
   - 提供實時聊天室或留言區域，讓觀眾在觀看影片時能與其他觀眾或主持人即時互動。
5. **遊戲化元素：**
   - 給予觀看影片或完成互動測驗的觀眾點數、獎勵或徽章，這可以激勵他們持續參與。
6. **個性化推薦：**
   - 根據使用者的觀看歷史和喜好，推薦相關的影片或內容，使他們更有可能繼續停留在平台
     上。
7. **社交分享功能：**
   - 允許觀眾將影片或特定片段分享到社交媒體，從而增加網站的曝光度。
8. **影片播放質量調整：**
   - 讓使用者可以根據自己的網路速度或裝置能力，調整播放質量。
9. **互動式故事敘述：**
   - 提供分支選擇，使觀眾能夠選擇影片的發展方向或結局，從而提供更豐富的互動體驗。
10. **虛擬或擴增實境內容：**
    - 提供VR或AR內容，使觀眾可以更沉浸在影片中，提供獨特的觀看體驗。
11. **訂閱和通知功能：**
    - 允許觀眾訂閱特定頻道或主題，並在有新內容時收到通知，這樣他們更可能繼續參與。

總之，透過結合互動設計的元素和技巧，你可以提供更加吸引人、有趣和參與性強的線上影
音體驗，進一步提高使用者在網站上的參與度和黏著度。

CHAPTER

8

8-3 ChatGPT在SEO中的應用範例

本小節將幫助讀者深入了解ChatGPT在SEO中的多樣化應用。

8-3-1 ChatGPT在關鍵字研究和內容優化中的應用

關鍵字研究是SEO的重要一環，它決定了網站在搜尋引擎中的排名。而ChatGPT具有生成高品質關鍵字的能力，可以幫助網站主找到潛在的高價值關鍵字，進而提升網站的曝光度。

舉例來說，假設我們擁有一個健康飲食的網站，我們想要找到一些與健康飲食相關的熱門關鍵字。我們可以透過與ChatGPT的對話，提供相關的問題，例如：「哪些食物有助於減肥？」、「怎麼樣的飲食可以提高免疫力？」等。ChatGPT會透過深度學習分析這些問題並回答，同時還會產生一些相關的關鍵字，比如「減肥飲食計畫」、「增強免疫力的食物」等。這些關鍵字可以幫助我們優化網站內容，吸引更多的流量。

提示詞（**Prompt**）：

怎麼樣的飲食可以提高免疫力？

ChatGPT回答畫面：

提高免疫力是一個復雜的過程，它涉及到生活方式、運動、休息、心理健康以及飲食。從飲食的角度來看，某些食物和營養素確實可以對免疫功能產生正面的影響。以下是一些建議的食物和營養素，以及它們如何助於提高免疫力：

1. **維生素C**：橙子、草莓、紅椒、西柚、彌猴桃等都是維生素C的豐富來源，它可以提高身體產生白血球的能力，幫助對抗感染。
2. **維生素E**：含有大量的天然抗氧化劑，如杏仁、太陽花籽、菠菜和榛子。維生素E可以幫助減少細胞損傷。
3. **β-胡蘿蔔素**：胡蘿蔔、南瓜、甜菜、西紅柿等食物都富含β-胡蘿蔔素，它可以增加白血球的數量，從而增強免疫功能。
4. **鋅**：鋅對免疫功能非常重要，可以在全麥、豆類、堅果和種子中找到。
5. **膳食纖維**：像全穀、豆類、果實和蔬菜都富含纖維，有助於維持健康的腸道菌群平衡，從而提高免疫功能。
6. **脂肪酸**：魚油和亞麻籽都富含奧米加-3脂肪酸，這些可以減少身體發炎。
7. **蛋白質**：蛋、肉、豆類和堅果都是蛋白質的良好來源。蛋白質可以幫助修復身體組織並產生免疫化學物質。
8. **益生菌和益生元**：如優格、酸奶、發酵食品（如泡菜和醬油）等，可以幫助維護腸道健康，從而增強免疫功能。
9. **水分**：喝足夠的水可以幫助細胞正常運作，同時也可以將身體中的毒素排出。

除了飲食之外，保持足夠的睡眠、減少壓力、規律運動以及避免吸煙和過量飲酒等生活方式改變也同樣對免疫功能有所幫助。建議在試圖通過飲食改善免疫力之前，先咨詢醫生或營養專家的建議。

　　除了關鍵字研究，ChatGPT還可以在內容優化方面發揮重要作用。我們可以將現有的文章或內容提供給ChatGPT，它會幫助我們生成更具吸引力和優質的內容。

　　舉個例子，假如我們有一篇介紹蔬菜營養價值的文章，但感覺內容有些單調。我們可以使用ChatGPT將這篇文章提供給它，並要求它增加一些趣味性和故事性的元素，讓內容更加生動有趣。這樣的內容優化將提高網站的品質，有助於更好地吸引使用者，提高使用者停留時間，進而影響搜尋引擎的排名。

提示詞（**Prompt**）：

　　請針對以下的介紹文案增加一些趣味性和故事性的元素。

　　今天想跟您推薦油漆式速記多國語言雲端學習系統。這套系統是利用本公司獨家發明的油漆式速記法原理所建構完成，配合教育部的全英語授課（English as a Medium of Instruction, EMI）與國際教育政策，內容包含了國內外十幾種著名的英語檢定與20種第二外語相關檢定（日、韓、德、西、法、越、泰、印尼等），近期也將推出本土語學習系統（臺語、手語、客家語、原住民語），目前已開放六大類試用版本。

ChatGPT回答畫面：

 當然可以！以下是經過修改後，增加趣味性和故事性的介紹文案：

有一天，一滴油漆落在了我們的筆記本上，意外地啟發了我們的一個創意：「油漆式速記法」。就這樣，我們的「油漆式速記多國語言雲端學習系統」誕生了！

想像一下，你正在畫畫，但同時也在學習語言。這不只一個學習平台，它是一場跨越語言和文化的冒險。憑藉我們的獨家油漆式速記法，你可以像畫家揮灑畫筆般記下每個單字和句子。

我們不只跟上時代，更先行一步，密切配合教育部的EMI和國際教育政策。你可以透過我們的平台準備各種英語檢定，或挑戰自己學習日語、韓語、法語，甚至越南語和泰語！而本土的語言文化，也絕對不被遺忘。我們即將推出的本土語學習系統，將會是你深入了解台灣多元文化的最佳夥伴。

來吧！先從我們精心準備的六大類試用版本開始，開啟你的語言學習冒險之旅！

這種寫作手法結合了趣味性與故事性，希望能夠更吸引讀者的注意，並激發他們的興趣和好奇心。

8-3-2 ChatGPT在使用者互動內容中的應用

在這一節中，我們將討論ChatGPT在使用者互動和互動式內容中的應用。現代網站設計強調使用者體驗的重要性，而ChatGPT可以幫助我們實現更豐富的互動體驗，增加使用者的參與度。

舉例來說，假如我們有一個旅遊網站，我們想要增加使用者的互動性，提供更加個性化的服務。我們可以使用ChatGPT來實現使用者互動元素，比如設計一個旅遊行程規劃的互動式工具。使用者可以輸入自己的興趣、預算和旅行時間，然後ChatGPT會根據這些資訊生成一個符合使用者需求的旅遊行程。這樣的互動式功能能夠讓使用者更加參與其中，提高使用者的滿意度和忠誠度。

另外，ChatGPT還可以用於實現即時客服的功能。我們可以將ChatGPT整合到網站中，讓使用者可以透過與ChatGPT的對話得到即時的解答和幫助。這樣的使用者互動體驗能夠提供更便捷的服務，增加使用者的黏著度和回訪率。

8-3-3 ChatGPT在SEO創新中的應用

ChatGPT在SEO創新中的應用，特別是在網站故事講述和品牌敘事方面。在當今競爭激烈的市場中，品牌故事和獨特性對於網站的成功至關重要。我們可以提供一些關鍵資訊和訴求給ChatGPT，讓它根據這些內容生成一個具有故事性的網站介紹。例如，我們可以讓ChatGPT根據品牌的背景、理念和價值觀來撰寫一個品牌故事，吸引使用者對品牌產生共鳴。

提示詞（**Prompt**）：

> 請針對以下的「油漆式速記法」品牌的背景、理念和價值觀撰寫一個品牌故事。
>
> 油漆式速記法是一種「大量、全腦、多層次迴轉」的速讀與速記方法，它利用右腦圖像直覺聯想，與結合左腦理解思考練習，搭配高速大量迴轉與多層次題組切換式複習，達到全腦學習奇蹟式的相乘效果。這種方法可以幫助人們在短時間內記住大量單字，並且能夠快速地將單字記憶轉換爲長期記憶。

ChatGPT回答畫面：

油漆式速記法的誕生：一滴油漆，一場學習的革命

在一個陽光燦爛的午後，研究團隊的成員阿杰不小心打翻了油漆桶，白色的畫布被彩色油漆滲染，色彩鮮明地擴散開來。正當他焦急地想要修復時，突然發現這無意中的事故，其實揭示了一個學習的祕密：大量、全腦、多層次迴轉。

這滴油漆不僅改變了畫布，更啟發了一場學習的革命。阿杰開始深入研究，將這一發現轉化為一種具體的學習方法。他發現，人的大腦就像那張畫布，需要不同的顏色、技巧和方法來彰顯其最佳狀態。

從此，油漆式速記法誕生了。這不僅僅是一種學習方法，更是一個實現夢想、突破限制的哲學。它鼓勵人們利用右腦的圖像直覺聯想和左腦的理性思考，融合成一個完美的學習系統。高速大量迴轉和多層次題組切換，讓學習不再是死背硬記，而是一場充滿趣味的冒險。

我們的理念很簡單：每一個人都有學習的潛能，只是需要正確的方法來啟動。油漆式速記法正是這樣的工具，它幫助我們在短時間內記住大量的資訊，並確保這些知識能夠長時間留在心中。

這是一場始於一滴油漆的學習革命，一種改變未來的學習方法，一次向全世界證明「學習」可以如此不同的冒險。歡迎加入我們，體驗全新的學習之旅！

　　另外，ChatGPT還可以幫助我們在網站上建立個性化的使用者體驗。我們可以根據使用者的訪問歷史和偏好，讓ChatGPT生成相應的內容，提供更加個性化的服務。這樣的創新應用能夠讓使用者感受到品牌的關愛和重視，提高使用者的忠誠度和轉換率。

　　總之，ChatGPT在SEO中的應用是多樣化且具有創新性的。從關鍵字研究和內容優化，到使用者互動和互動式內容，再到網站故事講述和品牌敘事，ChatGPT都能發揮卓越的表現，幫助網站提高曝光度、使用者參與度和搜尋排名。

　　隨著AI技術的不斷發展，我們相信ChatGPT在SEO領域的應用將會更加廣泛和深入，使用者只要充分運用ChatGPT的潛力，企業和網站可以在激烈的市場競爭中脫穎而出，獲得更多的流量和曝光，並實現更好的行銷效果。

CHAPTER

8

第三篇　資料處理篇

ChatGPT 與資料處理

　　資料處理在當今數位時代扮演著至關重要的角色。有效地處理和分析資料不僅有助於從龐大的資訊中獲取有價值的見解，還可以推動科學研究、商業決策和技術創新。在這一章中，我們將介紹資料處理的基礎知識，並探索如何利用OpenAI的ChatGPT模型來進行資料處理的應用。

9-1 資料處理基礎知識

　　資料處理是指對原始資料進行一系列的搜集、整理、轉換、分析和儲存等操作，以便獲取有價值的見解和知識。這在當今數位時代尤其重要，因為我們面對龐大的資料量，只有有效地處理和分析這些資料，才能發現其中蘊藏的價值和洞察。

9-1-1 資料收集

　　資料處理的第一步是資料搜集。資料可以來自不同來源，例如網站、社群媒體、資料庫、文件等。重要的是確保搜集到的資料是完整且可靠的，因為後續的處理和分析結果取決於原始資料的品質。在進行資料搜集時，也需留意個人隱私和資料安全的問題，確保符合相關法規和標準。

9-1-2 資料整理與清理

　　獲取資料後，接下來的步驟是資料整理與清理。這是一個非常重要且耗時的過程。資料可能存在各種問題，如缺失值、錯誤資料、重複記錄等。在進行分析之前，必須先對這些問題進行處理。清理資料時，可以使用一些統計方法或機器學習技術來填補缺失值或去除異常值。這樣可以確保資料的一致性和準確性，使後續的分析更加可靠。例如Excel「移除重複」功能可快速比對工作表的資料，將重複的部分自動刪除。

9-1-3 資料轉換

　　資料轉換是將資料轉換為適合進行分析的格式和結構。這可能涉及到對資料進行排序、篩選、組合或轉換。例如，將文字資料轉換為數值特徵，或將時間序列資料進行降維。資料轉換的目的是為了更好地理解資料，找到其中的規律和模式，並為後續的分析和機器學習準備好資料。

	進貨日期	商品名稱	規格	進貨廠商	數量	單價
2	2023/11/21	大釜蛋糕	12"	霍爾華達	10	300
3	2023/9/20	大釜蛋糕	10"	格蘭傑	20	225
4	2023/9/20	大釜蛋糕	8"	格蘭傑	30	170
5	2023/8/8	大釜蛋糕	12"	拿滋潤養	10	300
6	2023/8/8	大釜蛋糕	10"	拿滋潤養	10	230
7	2023/8/8	大釜蛋糕	8"	拿滋潤養	10	180
8	2023/10/10	大釜蛋糕	12"	天焦星	30	280

資料依據商品名稱、進貨廠商及進貨日期的條件排序

	進貨日期	商品名稱	規格	進貨廠商	數量	單價	合計
2	2023/8/1	柏蒂全口味豆	大包	拿滋潤養	100	10	1,000
3	2023/8/1	柏蒂全口味豆	小包	拿滋潤養	100	5	500
4	2023/8/2	巧克力蛙	大隻	拿滋潤養	50	20	1,000
5	2023/8/2	巧克力蛙	小隻	拿滋潤養	100	10	1,000
20	2023/10/5	柏蒂全口味豆	大包	拿滋潤養	100	10	1,000
29	2023/11/4	巧克力蛙	大隻	拿滋潤養	50	20	1,000
30	2023/11/8	巧克力蛙	小隻	拿滋潤養	100	10	1,000

篩選「巧克力蛙」和「柏蒂全口味豆」2個品項且向「拿滋潤養」廠商進貨的資料

9-1-4 資料分析

　　資料處理的核心目標是進行資料分析。這是透過使用統計、機器學習等技術，對資料進行挖掘和解析，以獲取有價值的見解和知識。資料分析可以有多種形式，包括探索性分析、模式識別、預測分析、分類和聚類等。這些分析方法可以幫助我們理解資料背後的規律和趨勢，做出更明智的決策。

9-1-5 資料儲存

　　最後，資料處理的結果需要進行妥善的儲存。根據資料量和使用需求，可以選擇適合的資料儲存方式，如資料庫、雲端儲存或本地文件。良好的資料儲存策略可以確保資料的安全性和可用性，便於後續查詢和使用。

提示詞（**Prompt**）：

　　請提供良好的資料儲存策略可以確保資料的安全性和可用性，便於後續查詢和使用。

ChatGPT回答畫面：

1. **資料備份策略：**
   * **定期備份**：根據資料的重要性和變化率，定期（例如每日、每週、每月）執行資料備份。
   * **多重備份**：使用不同的媒體或雲端儲存服務進行多重備份，以防某一備份媒體出現問題。
   * **遠程備份**：將資料備份至遠端位置，以避免因地理位置導致的資料災害（例如火災或洪水）。
2. **資料加密：**
   * 在儲存資料之前，使用強烈的加密技術加密資料。
   * 保護加密金鑰並將其與加密後的資料分開儲存。
3. **資料冗餘：**
   * 使用 RAID（磁碟陣列冗餘技術）或類似技術增加資料冗餘度，以確保硬體故障不會導致資料丟失。
4. **資料的版本控制：**
   * 保持資料的多個版本，這樣在資料被意外修改或損壞時，仍可恢復到先前的版本。
5. **存取控制：**
   * 確保只有授權的使用者可以存取資料。
   * 透過身份驗證和授權機制，控制誰可以查看、編輯或刪除資料。
6. **資料完整性檢查：**
   * 定期檢查資料的完整性，以確保資料沒有被破壞或更改。
7. **災難恢復計畫：**
   * 擁有明確的災難恢復計畫，並定期測試其效果，以確保在真正的災難發生時能夠快速恢復資料。
8. **持續監控和警報：**
   * 實施持續監控，以偵測和回應任何可能的資料儲存問題。
   * 設置警報系統，當系統偵測到異常存取或資料損壞時，能夠立即通知相關人員。
9. **定期更新和維護：**
   * 定期更新儲存系統的軟體和硬體，以確保它們都在最佳狀態。
   * 定期執行資料儲存系統的健康檢查和維護。
10. **文檔和訓練：**
    * 維護詳細的資料儲存和管理政策文檔。
    * 定期為員工提供資料保護和資料管理的訓練。

　　總的來說，資料處理是一個非常重要且複雜的過程。它涉及到多個步驟，包括資料搜集、整理與清理、資料轉換、資料分析和資料儲存。這

些步驟相互關聯，並且都是確保資料處理結果可靠和有用的關鍵。正確地進行資料處理，可以幫助我們從海量的資料中提取有價值的資訊，並在科學、商業和社會等各個領域帶來實際的影響。

9-2 ChatGPT在資料處理中的應用範例

接下來將透過幾個實際範例展示如何使用ChatGPT進行資料處理。這些範例涵蓋了不同的應用情境，如資料摘要、文字生成、情感分析等。我們將展示如何根據具體的資料處理需求，使用ChatGPT進行相應的操作，並得到有效的結果。

9-2-1 資料摘要

在資料摘要的應用中，ChatGPT可以從一篇長文字中自動提取出重要的摘要或要點。我們將示範如何將一篇文章作為輸入，並讓ChatGPT生成一個簡潔而有意義的摘要，幫助使用者快速了解文章內容。

提示詞（**Prompt**）：

請針對底下的文章協助生成一個簡潔而有意義的摘要。

鼓勵讀者繼續探索和發展提示工程師的職業道路

本書的目的是提供讀者有關提示工程師的知識和技巧，幫助有志成為提示工程師的人們在人工智慧領域扮演重要角色。然而，提示工程師的職業道路是不斷變化和成長的領域，需要持續學習和探索。

在數位時代，提示工程師扮演關鍵角色。隨著人工智慧技術迅速發展和應用，對提示工程師的需求也日益增加。作為提示工程師，您將成為人工智慧技術的推動者和創新者，為各行各業帶來價值和效益。

然而，人工智慧領域充滿挑戰和機遇。新技術和方法不斷湧現，提示工程師需要不斷跟進和學習，以保持競爭力和創新能力。因此，我們鼓勵您持續深入探索，不斷學習和發展。

與提示工程師相關的知識和技能是無窮的。除了本書介紹的內容，還有更多領域和技術等待您的發現和探索。持續學習新的提示技巧，了解最新的人工智慧發展趨勢，並將其應用於實際場景，這將使您成為該領域的專家並提升職業價值。

此外，與其他提示工程師和相關領域的專業人士交流和合作也非常重要。參與學術研究、行業會議和社群活動，建立專業人脈並分享經驗和見解。這樣的交流和合作能促進提示工程師的共同成長和發展。

最後，我們鼓勵您堅持追求卓越和創新。不斷挑戰自己，尋找解決複雜問題的新方法和技巧。通過持續的學習和實踐，您將能在提示工程師的職業道路上取得更大成就，並對人工智慧的發展做出更重要的貢獻。

祝願您在提示工程師的職業道路上取得豐碩成果，並對人工智慧領域的發展做出持久而有意義的貢獻！

CHAPTER 9

ChatGPT回答畫面：

 摘要：

本書旨在裝備讀者成為提示工程師，幫助他們在不斷進化的人工智慧領域中發揮關鍵作用。隨著該領域的新技術和方法持續出現，強調了持續學習、深入探索和與同業專家的交流之重要性。我們鼓勵讀者追求卓越、創新和不斷的自我挑戰，以在人工智慧領域中取得更高的成就和貢獻。

9-2-2 文字生成

ChatGPT的文字生成能力允許它根據給定的提示或問題生成相關的自然語言回答或段落。我們將示範如何使用ChatGPT進行情境式對話，並觀察它如何根據前文產生連貫且合理的回答。這在聊天機器人和自動回覆系統等情境中具有實用價值。

提示詞（**Prompt**）：

請設計一個Python程式設計人員面試過程的情境對話。

ChatGPT回答畫面：

面試官（**M**）：早上好！請坐。首先，請你簡單自我介紹一下。

應徵者（**A**）：早上好！我是小明，從大學時代就開始學習Python，有五年的實際工作經驗，曾在XYZ公司負責後端開發與資料分析。

M：很高興認識你，小明。請問你有使用過哪些Python框架或工具？

A：我主要使用Flask進行網站後端開發，並用SQLAlchemy與數據庫互動。對於資料分析，我通常選擇使用Pandas和NumPy。

M：了解。你能否描述一下最近一次遇到的技術問題，以及你是如何解決的？

A：當然。最近我在一個專案中，遇到了一個關於多線程與資料庫連接的問題。為了解決這個問題，我研究了Python的threading模組，並使用了connection pooling來有效管理資料庫連接。

M：非常好。我會給你一個小問題。假設我有一個Python list，內含許多數字，你能幫我寫一段程式，找出這些數字的平均值嗎？

A：

```python
def average(numbers):
    return sum(numbers) / len(numbers)
```

M：正確！最後一問，你認為未來Python的發展趨勢是什麼？

A：我認為Python在資料科學、機器學習和人工智慧領域的地位將越來越重要。而且，由於其易學易用的特性，我相信Python會繼續在教育和初學者中擴大其影響力。

M：謝謝小明，我們對你的經歷和技能印象深刻。我們會再與你聯絡的，請你稍候。

9-2-3 資料清理

在資料處理的過程中，資料清理是一個必要的步驟，以確保資料的一致性和準確性。我們將示範如何使用ChatGPT來自動識別和修復文字資料中的錯誤或缺失值，並提高資料處理的效率和準確性。

提示詞（**Prompt**）：

請自動識別和修復底下文章中的錯誤。

Become a student ambassador!

What would I need to do?

As a student ambassador, you will need to receive distinguished guests from overseas. You will play the role of campus tour guide, interpreter, local guide and so on. You should also assist in hosting welcoming and farewell events, and be on duty throughout the period of visit.

Think this could be you?

We need candidates that are passionate. One must show hospitability, and be enthusiastic through the preparation and execution of events. We would want you to have certain language ability so that you can communicate with the guests well.

When do I start?

The working period will be between Monday January 16 2022 till Friday 5 January 2023. The actual working hours vary from event to event. Contact will be made in 2 weeks advance.

> What are you waiting for? Apply now to become our student
> ambassador!

ChatGPT回答畫面：

Become a student ambassador!

What do I need to do?

As a student ambassador, you will need to receive distinguished guests from overseas. You will play the roles of a campus tour guide, interpreter, local guide, and more. You should also assist in hosting welcoming and farewell events and be on duty throughout the visitors' stay.

Think this could be you?

We need candidates who are passionate. One must show hospitality and be enthusiastic during the preparation and execution of events. We would like you to have a certain language proficiency so that you can communicate well with the guests.

When do I start?

The working period will be from Monday, January 16, 2022, to Friday, January 5, 2023. The actual working hours vary from event to event. Contacts will be made 2 weeks in advance.

What are you waiting for? Apply now to become our student ambassador!

Changes made:

1. Changed "What would I need to do?" to "What do I need to do?".
2. Added "a" in "play the roles of a campus tour guide".
3. Replaced "throughout the period of visit" with "throughout the visitors' stay".
4. Changed "that are passionate" to "who are passionate".
5. Corrected "show hospitability" to "show hospitality".
6. Changed the date format to be consistent: "Monday, January 16, 2022, to Friday, January 5, 2023".
7. Changed "Contact will be made" to "Contacts will be made".

9-2-4 自然語言理解

　　ChatGPT具備自然語言理解的能力，可以解析和理解文字中的含義和情感。我們將展示如何使用ChatGPT來進行情感分析，評估一段文字的情緒情感，這在社群媒體監測和品牌評價等方面具有應用潛力。

提示詞（Prompt）：

請評估以下文字的情緒情感。

　　對於研究生來說，利用Word文書處理軟體來撰寫研究報告或論文是基本的技能，大家都說自己會使用Word來輸入文字、插入圖片／表格／圖表，也會設定字型或段落格式，只是完成的文件沒有整體感，往往錯誤百出而不符合論文寫作的要求，以致於越到口試階段就越慌亂緊張。

　　本書是專為第一次寫論文的新手所撰寫的書籍，目的在告知新手論文的各項規範，從頁面布局、大綱擬定、多層次清單階層設定、大小標題與內文樣式、引文、註腳、圖表標記、頁碼不同格式、頁首奇偶頁不同、目錄、參考文獻、索引、浮水印、列印、輸出等各項的規範重點與操作技巧，本書都一一加以說明，讓你有所適從，使論文保持格式的前後一致，層次分明，並正確選用適合的文件引文樣式，避免格式的混淆。有了正確的Word使用技巧，才能讓整個論文寫作的過程順利無礙，研究生只需專注在研究主題上，不必為版面、樣式、格式、文件排版而傷透腦筋，大大節省你寶貴的時間。

ChatGPT回答畫面：

這段文字可以分為兩部分情緒情感：

1. **前半段：**
   - 較為**負面**，因為它描述了研究生使用Word文書處理軟體時的困難和挑戰，以及論文格式的常見錯誤和準備口試時的壓力。
2. **後半段：**
   - 較為**正面**，因為它主要介紹了一本專門為初學者寫的書，該書提供了關於如何正確使用Word和滿足論文格式要求的建議和技巧。這部分提供了解決問題的方案，並強調了使用正確技巧的好處，使研究生能更有效地完成論文。

總體來說，這段文字起初描述了一個問題，然後提供了一個解決方法，最終傳達出一個積極、助益的信息。

9-2-5 資料查詢

ChatGPT也可以被用於自然語言查詢，讓使用者透過自然的問句來查詢資料庫或知識庫。我們將示範如何讓ChatGPT根據使用者的問題回答相應的資料查詢結果。

提示詞（Prompt）：

請根據維基百科查詢關於各代人工智慧的簡易發展史。

ChatGPT回答畫面：

 截至我最後的知識更新日期（2021年9月），以下是人工智慧的簡易發展史，主要基於維基百科及其他可靠來源：

1. **1950年代-1960年代 初期興盛:**
   * 1950: Alan Turing 發表 "Computing Machinery and Intelligence"，提出了"圖靈測試"。
   * 1956: 在達特茅斯學院舉辦的夏季工作坊上，"人工智慧" 這個名詞首次被提出。
   * 1960年代: 許多早期的AI程序，如Eliza和ShrDLU，被發展出來，展示了基礎的自然語言處理和問題解決能力。
2. **1970年代-1980年代 冷冬期:**
   * 由於技術和資金上的挑戰，AI研究受到了重大打擊。
   * 1980年代: 專家系統成為主流，這些系統試圖模仿人類專家的決策過程。
3. **1990年代 復興:**
   * 進一步的演算法創新和增加的計算能力推動了AI領域的進展。
   * 機器學習，尤其是決策樹，開始在實際應用中取得成功。
4. **2000年代-至今 深度學習和大數據的崛起:**
   * 2012: AlexNet 在圖像識別比賽中取得了突破性進展，標誌著深度學習的崛起。
   * 後續幾年內，深度學習在多個領域都取得了令人驚嘆的結果，如語音識別、自然語言處理等。
   * 2010年代後期: GPT, BERT 等模型推出，對自然語言處理領域產生深遠影響。

這只是一個非常簡短的摘要，人工智慧的發展歷史遠比這更為深入和豐富。建議查閱維基百科或其他專業資源，以深入了解各個階段的詳細內容和相關的重要成果。

　　這些應用範例將幫助讀者更好地了解ChatGPT在資料處理中的真實應用價值，並啓發他們將這一技術應用於解決自己的資料處理問題。ChatGPT的靈活性和多功能性使其成為處理自然語言資料的有力工具，可以應用於各種不同的應用情境，為資料處理工作帶來便利和效率。

## 第十章

ChatGPT 與 PowerBI 大數據

在這一章中，我們將探索ChatGPT和PowerBI之間的結合，並探討如何利用ChatGPT的自然語言處理能力來進行PowerBI大數據處理和分析。PowerBI是一個強大的商業智慧工具，可以幫助使用者從大量的資料中快速獲取見解和洞見。在本章中，我們將從PowerBI基礎知識開始，介紹ChatGPT如何與PowerBI結合，並透過實際應用範例展示ChatGPT在PowerBI大數據分析中的潛力。

10-1 PowerBI基礎知識

PowerBI是由微軟開發的商業智慧工具，主要的功能在幫助使用者輕鬆地從各種資料來源中提取、整合和分析資料，並透過直觀的視覺化方式呈現，讓使用者更好地理解資料和發現趨勢。其靈活且強大的功能使得PowerBI成為企業和組織中常用的資料分析工具，讓使用者能夠快速識別重要的資訊和洞見，從而做出更明智的決策。

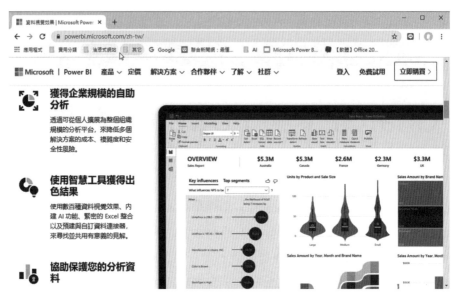

PowerBI可以將資料轉換成各式精美的圖表

10-1-1 PowerBI的功能和特點

PowerBI支援多種資料連接方式，包括資料庫、Excel表格、網站API等，使用者可以輕鬆地將不同來源的資料整合在一起。

PowerBI支援多種資料連接方式

　　Power BI是Microsoft提供的商業智慧與資料視覺化工具，被許多企業用來分析和報告資料。以下是Power BI的主要功能和特點：

● 資料整合能力：Power BI可以與多種資料源進行整合，包括雲端服務、資料庫、Excel工作表等。

● 強大的資料模型建立：使用者可以透過Power BI Desktop來設計和建立自己的資料模型，包括建立關聯、計算欄位等。

● 直觀的拖放介面：Power BI提供了易於使用的拖放介面，讓使用者可以輕鬆製作儀表板和報告。

● 豐富的視覺化元件：內建多種視覺化元件，如柱狀圖、折線圖、地圖等，且使用者可以從Marketplace下載更多自訂視覺化元件。

CHAPTER

10

- 自然語言查詢：透過Q&A功能，使用者可以用自然語言來查詢資料，如「今年的銷售額是多少」。
- 支援行動裝置：Power BI提供移動應用程式，讓使用者可以在平板或手機上查看報告和儀表板。
- 共享和協作：使用者可以分享報告給其他團隊成員，或公開分享給網路上的人。Power BI Service也支援實時協作功能。
- 嵌入能力：開發者可以利用Power BI Embedded把報告或視覺化元件嵌入到其他應用程式或網站中。
- 安全和治理：Power BI提供了一系列的資料安全和治理工具，如權限管理、資料分類、行為監控等。
- DAX計算語言：Data Analysis Expressions（DAX）是一種計算語言，允許使用者建立複雜的計算和聚合。

Power BI擁有上述的特點和功能，讓企業可以更快速、直觀地從大量資料中獲取洞見，且易於分享和協作。

10-1-2 PowerBI的報表設計和發佈

PowerBI提供了豐富的視覺化元素和圖表選項，使用者可以根據需求定制各種報表和儀表板，以清晰、直觀的方式呈現資料分析結果。而且，使用者可以輕鬆地將這些報表分享給其他人，無論是在組織內部還是外部，實現資料共享和交流。

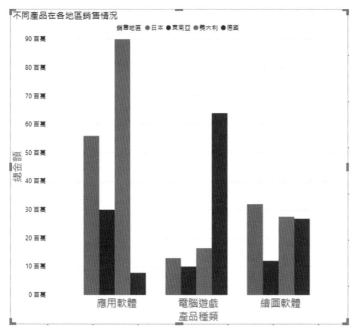

Power BI可以將所資料轉換成視覺效果的圖表元件

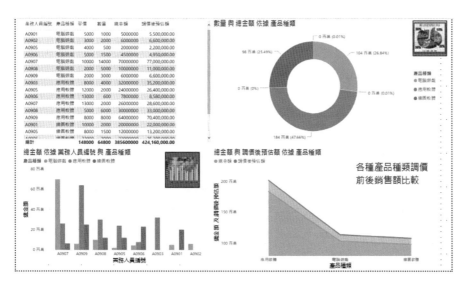

Power BI可以將資料輸出成各種報表

這一節概述PowerBI從基礎到報表設計及發佈的全貌,讓讀者明白其在企業資料處理與分析中的作用。了解PowerBI的基本概念,對於後續與ChatGPT的整合,能夠更有效地挖掘資料價值。

10-2 如何透過ChatGPT輔助Power BI的資料視覺化任務

本節要分享如何利用ChatGPT優化Power BI的資料視覺化工作。我們會學習如何詢問ChatGPT相關的視覺化建議,怎麼根據資料特性選擇適當的圖表,從何取得適合練習視覺化的資料集,以及在何種情境下使用Power BI的視覺化工具。

10-2-1 詢問ChatGPT能提供哪些資料視覺化的輔助建議

當我們進行Power BI的視覺化工作,經常會遇到不同的資料和圖表問題。ChatGPT能提供我們迅速且精確的Power BI視覺化建議。舉例來說,我們可以向ChatGPT查詢有關於資料視覺化的具體建議。

輸入問題:

請提供Power BI中可用的視覺化類型、圖表設計的建議

CHAPTER

10

● ChatGPT回答畫面：

 Power BI 可用的視覺化類型：

1. **柱狀圖**：垂直或水平柱狀圖，適合表示單一或多個系列的數據。
2. **折線圖**：顯示趨勢或數據隨時間的變化。
3. **區域圖**：類似於折線圖，但區域下方填充顏色。
4. **圓餅圖**：顯示各部分佔總數的比例。
5. **散布圖或點圖**：顯示兩個數量變數之間的關係。
6. **樹狀圖**：顯示層次結構的數據。
7. **熱圖**：使用顏色的變化來表示數據的強度。
8. **卡片與KPI**：呈現單一數據點或關鍵性能指標。
9. **地圖**：包括地理位置數據的視覺化。
10. **漏斗圖**：表示一系列過程或階段中的數據流。
11. **雷達圖/蜘蛛圖**：顯示多個變數的一個或多個系列。

圖表設計的建議：

1. **簡潔**：避免使用過多的顏色或不必要的圖元素。
2. **選擇適當的圖表**：根據您要表達的數據和訊息選擇最合適的圖表。
3. **注重可讀性**：確保圖表上的任何文字或數字都容易閱讀。
4. **統一色調**：如果在同一報告中使用多個圖表，嘗試保持顏色和樣式的一致性。
5. **避免3D圖表**：除非它們真的增加了可讀性或信息性，否則通常會使事情變得複雜。
6. **使用標題和註解**：清晰地解釋圖表所代表的內容和重要性。
7. **適當使用格線**：確保格線不會過多地干擾視覺效果，但同時提供足夠的指引以理解數據。
8. **優化顏色使用**：考慮色盲友好的配色，避免過度飽和的顏色。

以上只是一些常見的建議。最重要的是根據您的目標和受眾來選擇和調整視覺化效果。

10-2-2 如何根據資料屬性挑選合適的視覺化圖表

當我們使用Power BI進行資料視覺化，選擇適當的圖表來呈現特定資料是非常重要的。適當的圖表可以清晰地呈現資料並傳達關鍵信息。然而，錯誤的選擇可能使資料的解讀變得困難，降低報告的價值。

　　在此章節中，我們會著重於如何選擇最符合資料特性的視覺化圖表。同時，我們也會討論如何透過ChatGPT來獲得Power BI中的圖表建議。經由這次的學習，您能掌握選擇最合適的視覺化方法，使您的資料分析和呈現更爲有效。

輸入問題：

> 如果要比較總統大選各候選人的得票數比較，使用哪一種圖表比較合適？

ChatGPT回答畫面：

 比較總統大選各候選人的得票數時，**柱狀圖（Bar Chart）**是非常合適的選擇。以下是使用柱狀圖的原因：

1. **直觀性**：柱狀圖可以清楚地呈現每位候選人的得票數量，觀眾可以迅速地辨識哪位候選人得票最多。
2. **比較性**：柱狀圖讓人能夠輕鬆地進行水平或垂直比較。長度或高度的差異明確地指示出得票數的差異。
3. **簡單性**：柱狀圖是一種簡單且常見的視覺化方法，多數人都能夠輕易理解。
4. **彈性**：可以選擇垂直柱狀圖或水平柱狀圖。如果候選人的名字較長或需要更多的描述，水平柱狀圖會是較佳的選擇。
5. **高亮重點**：可以使用不同的顏色來突顯某個特定的候選人或最高得票者。

雖然柱狀圖是一個很好的選擇，但視覺化選擇應該基於所要呈現的具體數據、目標受眾以及要傳達的訊息來決定。

輸入問題：

> 如果想要呈現各年度出生率的比較，哪一種圖比較合適呢？

ChatGPT回答畫面：

 若想要呈現各年度出生率的比較，使用**折線圖**（Line Chart）是最合適的選擇。以下是使用折線圖的原因：

1. **時序性**：折線圖非常適合表示隨時間變化的數據，可以清晰地展示趨勢或波動。
2. **連續性**：出生率是連續的數據，折線圖可以輕鬆地顯示從一年到另一年的變化。
3. **對比**：可以輕鬆地比較不同的年份或不同的地區/國家的出生率。
4. **數據視覺化**：可以顯示高峰、低谷和其他有趣的模式或異常。
5. **多條線的比較**：如果想要比較多個地區或國家的出生率，折線圖允許您在同一圖表上繪製多條線。
6. **簡潔明瞭**：觀眾可以迅速捕捉到時間趨勢和主要的變化點。

當然，視具體的情境和呈現的目的，也可以考慮其他圖表，但對於時間序列的數據，折線圖經常是首選。

輸入問題：

> 如果想要呈現威廉・瓊斯盃國際籃球邀請賽的戰績表，哪一種圖比較合適呢？

ChatGPT回答畫面：

 若想要呈現威廉·瓊斯盃國際籃球邀請賽的戰績表，最合適的是**表格**（Table）或**資料網格**（Data Grid）。以下是使用表格的原因：

1. **多變量資訊**：表格可以在同一視圖中提供多個數據點，例如各隊的勝/負場數、得分、失分、得分差等。
2. **結構清晰**：表格的結構可以讓人一目了然地看到各隊伍之間的比較。
3. **詳細數據**：對於想要查看詳細數據的觀眾，表格提供了完整的資訊。
4. **排序與排名**：可以根據特定的數據點（如勝場數或得分差）對隊伍進行排序。
5. **易於更新**：當有新的賽果時，可以簡單地更新表格。
6. **紀錄完整性**：確保每場比賽的結果都被記錄和顯示。

如果希望更視覺地表示某些數據，例如各隊的勝場數，可以考慮使用**柱狀圖**（Bar Chart）。但對於完整的戰績表來說，表格仍然是最佳選擇。

CHAPTER

10

10-2-3 尋求練習資料視覺化的合適資料集

要精通Power BI的資料視覺化，不斷的練習是關鍵。但對新手而言，尋找合適的資料來練習可能會有些挑戰。在這一章節中，我們將指引您如何找到和篩選最適合的資料集，協助您更上一層的資料視覺化能力。

輸入問題：

我想練習Power Bi的資料視覺圖表的製作，可否實際提供一個具備多種資料欄位的資料集範本，方便我在Power BI練習資料視覺化的功能。

ChatGPT回答畫面：

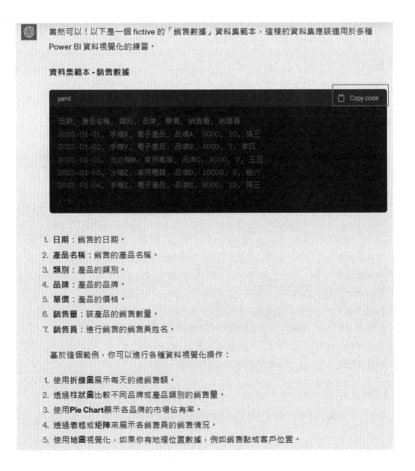

當然可以！以下是一個 fictive 的「銷售數據」資料集範本，這樣的資料集應該適用於多種 Power BI 資料視覺化的練習。

資料集範本 - 銷售數據

```yaml
日期, 產品名稱, 類別, 品牌, 單價, 銷售量, 銷售員
2023-01-01, 手機X, 電子產品, 品牌A, 5000, 10, 張三
2023-01-02, 手機Y, 電子產品, 品牌B, 4000, 7, 李四
2023-01-03, 洗衣機M, 家用電器, 品牌C, 8000, 2, 王五
2023-01-03, 冰箱Z, 家用電器, 品牌D, 10000, 5, 趙六
2023-01-04, 手機Z, 電子產品, 品牌B, 6000, 12, 張三
...
```

1. **日期**：銷售的日期。
2. **產品名稱**：銷售的產品名稱。
3. **類別**：產品的類別。
4. **品牌**：產品的品牌。
5. **單價**：產品的價格。
6. **銷售量**：該產品的銷售數量。
7. **銷售員**：進行銷售的銷售員姓名。

基於這個範例，你可以進行各種資料視覺化操作：

1. 使用折線圖展示每天的總銷售額。
2. 透過柱狀圖比較不同品牌或產品類別的銷售量。
3. 使用**Pie Chart**顯示各品牌的市場佔有率。
4. 透過表格或矩陣來展示各銷售員的銷售情況。
5. 使用地圖視覺化，如果你有地理位置數據，例如銷售點或客戶位置。

若您希望獲得這批練習資料，只需點擊「Copy code」按鈕，然後將其貼上到Excel或其他相關資料文件中。完成後，您可將這些資料匯入Power BI，並開始練習設計各種常見的圖表。

10-2-4 請ChatGPT回答圖表的設計建議

在Power BI裡，制定出一流的圖表至關重要，因爲它能更生動地展現資料。但對新手而言，這可能是一大難題。這時，ChatGPT能提供您圖表設計的專業建議。

本單元將教導您如何利用ChatGPT詢問關於圖表設計的方面。比方說，如何挑選最匹配的圖表種類？在回覆這類問題時，ChatGPT會參照Power BI的專業知識給予適切的建議，這不僅能夠鞏固您的設計能力，也使您的資料解析和彙報更具深度和說服力。

輸入問題：

可否用繁體中文台灣用語提供使用漏斗圖表的設計建議？

ChatGPT回答畫面：

 當然可以，以下是使用繁體中文（台灣用語）提供的漏斗圖表設計建議：

漏斗圖表設計建議：

1. **明確目的**：在製作漏斗圖之前，首先要明確你想要傳達的信息。通常，漏斗圖是用來展示一系列的過程或階段，從最初的大量數據逐步減少到最終的少量數據。
2. **使用適當的標題**：標題應該簡短且具有指向性，例如「客戶購物流程」或「用戶註冊漏斗」。
3. **按階段排序**：確保資料從最大的階段開始，逐步減少，這樣視覺效果才會像漏斗。
4. **選擇鮮明的顏色**：漏斗的每一階段都應該使用不同的顏色，且顏色間應有明顯的區別，這樣可以幫助觀眾快速區分每個階段。
5. **添加數據標籤**：每一階段旁邊都應該加上具體的數據或百分比，以便讓觀眾清楚地了解每一階段的具體情況。
6. **避免過度裝飾**：雖然裝飾效果可能會使圖表看起來更吸引人，但過多的裝飾可能會分散觀眾的注意力。保持簡潔是關鍵。
7. **附註說明**：如果某些階段有特殊的情況或異常，可以在圖表下方或旁邊添加附註來進行說明。
8. **使用對比**：如果有多組數據需要比較，例如去年與今年的購物流程，可以使用對比的漏斗圖，以便觀眾一目了然地看出兩者之間的差異。

漏斗圖表是一個很好的工具，可以有效地展示和解釋多階段的流程和其變化。適當地設計和使用可以使你的報告或展示更具說服力。

10-2-5 詢問Power BI資料視覺化工具適用的情境

在Power BI裡，視覺化工具扮演了關鍵角色，幫助我們清晰地呈現資料和分析結果。然而，每種視覺化工具都有其最佳使用情境，所以針對特定情境選擇合適的工具變得相當重要。

在這部分，我們會講解如何利用ChatGPT來釐清在Power BI中各種視覺化工具的最佳應用情境，進而助您作出明智的選擇。您能夠詢問ChatGPT關於視覺化工具的建議，如：何時應該使用柱狀圖？或是何時選

擇散點圖更為適當？在回應這些疑問時，ChatGPT將依據Power BI的專業
知識和您所提供的背景資訊給出合適的指引。

輸入問題：

請問在Power BI資料視覺化工具什麼情況下使用散點圖比較合適？

ChatGPT回答畫面：

在 Power BI 資料視覺化工具中，散點圖（或稱為散佈圖）主要是用來顯示兩個（或更多）變
數之間的關係。以下是幾種使用散點圖比較合適的情況：

1. **兩變數關係**：當你想要看兩個量化變數之間的相互關係時，例如：「產品價格」對「銷售數
   量」的影響。
2. **資料分佈**：散點圖可以顯示資料點的分佈，幫助你了解變數之間是否存在某種趨勢或集群。
3. **異常值檢測**：散點圖可以幫助你快速識別出任何異常或離群值。
4. **多變數分析**：使用顏色、大小或形狀等視覺元素，可以在同一散點圖中表示三個或更多的變
   數。例如：以X軸表示「年齡」、Y軸表示「收入」，並用點的大小來代表「購買次數」。
5. **比較多組資料**：如果你有多組資料想要在同一個坐標系統中進行比較，散點圖可以很容易地
   呈現這些資料。
6. **時間序列分析**：雖然時間序列通常使用折線圖，但在某些情況下，當你想要看到具體的事件
   或特定時間點的資料分佈時，散點圖也可能是一個好選擇。

當使用散點圖時，記得始終確保標籤清晰，並適當地使用顏色以避免混淆。此外，正確地設
定X軸和Y軸的範圍也是非常重要的，以確保資料的正確解讀。

10-3 ChatGPT給予Power BI使用者的協助範例

在這一部分，我們會探討如何透過ChatGPT協助Power BI使用者執行
多種操作，從查詢函式的用法、給予程式碼建議、查詢特定顏色程式碼，
到提供線上資源和素材的推薦等。

10-3-1 查詢函數語法

在Power BI裡，函數扮演了核心角色，因其協助使用者在報表裡進行多種運算，進而獲得資料洞察。在此部分，我們會談論如何透過ChatGPT來了解Power BI的函數使用方式，讓您更熟練地操作Power BI。

輸入問題：

> 請問在Power BI所提供的函數將多個文字字串合併成一個，請舉例說明。

在 Power BI 中，可以使用 `&` 運算子或 `CONCATENATE` 函數來合併文字字串。不過，更為建議的方法是使用 `TEXTJOIN` 函數，特別是當需要合併的文字列表是動態的或數量不固定時。

以下是一些基本的範例：

1. 使用 `&` 運算子：

   假設有兩個欄位：名稱 (FirstName) 和姓氏 (LastName)。

   ```powerbi
   FullName = [FirstName] & " " & [LastName]
   ```

2. 使用 `CONCATENATE` 函數：

   同樣的例子，使用 `CONCATENATE` 函數來達到合併的目的：

   ```powerbi
   FullName = CONCATENATE([FirstName], CONCATENATE(" ", [LastName]))
   ```

3. 使用 `TEXTJOIN` 函數：

   `TEXTJOIN` 可以將多個文字串連接在一起，並允許你指定一個分隔符號。這在處理動態的文字列表時特別有用。

   例如，假設我們希望合併三個欄位：Title、FirstName 和 LastName，並用空格分隔開來：

   ```powerbi
   FullName = TEXTJOIN(" ", TRUE, [Title], [FirstName], [LastName])
   ```

其中，`TRUE` 的部分表示如果遇到空值，將會忽略那部分。如果改成 `FALSE`，則空值會被視為一個空白字串。

10-3-2 給定任務直接提供程式碼的建議

當您操作Power BI時，可能會碰到多種情境和難題，這時就需要對應的程式碼來因應。此部分會教您如何透過ChatGPT獲得Power BI程式碼的相關建議，讓您的工作更加迅速且精確。

輸入問題：

> 我如何能在Power BI篩選出全班測驗成績不及格的同學及科目嗎？

ChatGPT回答畫面：

 在 Power BI 中，你可以使用「視覺級篩選器」或是在「資料」視圖中的「查詢編輯器」來篩選不及格的同學及科目。以下是步驟詳述：

1. **使用查詢編輯器篩選：**
   - 在 Power BI Desktop 的「資料」視圖中，選擇你的資料表。
   - 點擊「編輯查詢」。
   - 在查詢編輯器中，找到你的成績欄位。
   - 使用欄位上方的下拉箭頭，選擇「篩選器」。
   - 在篩選器中，設定一個條件，例如 `< 60` 來篩選出分數低於60分的記錄。
   - 點擊「確認」並「關閉並套用」。

2. **使用視覺級篩選器：**
   - 在「報表」視圖中，拖曳你想要的視覺化元素（例如：表格）到畫布上。
   - 把「同學名稱」和「科目」以及「成績」拖曳到該視覺化元素的欄位區。
   - 在視覺化元素的格式設定中，選擇「篩選器」。
   - 在「視覺級篩選器」區，找到你的成績欄位。
   - 設定一個條件，例如 `is less than 60`。
   - 這樣在報表上就只會顯示不及格的同學及其不及格的科目了。

這樣，你就可以很容易地找出不及格的同學及他們不及格的科目。你還可以透過其他視覺化工具，如柱狀圖或餅圖，進行更進一步的分析，例如查看哪個科目有最多的不及格人數等。

CHAPTER

10

10-3-3 查詢特殊色彩的程式碼

在Power BI裡，挑選合適的顏色能使資料視覺化更加醒目且易於閱讀。然而，某些時候我們可能想要用到特定的色調，如公司LOGO的顏色或某些專屬的配色組合。遇到這樣的需求，我們便須查詢相關的顏色程式碼。

這一部分，我們要教大家如何透過ChatGPT查找Power BI中特殊顏色的程式碼，助您輕鬆調整報表至理想的色彩。假如您想調整Power BI的背景至珊瑚紅（Coral），您可以這樣提問：

輸入問題：

> 請以繁體中文台灣用語回答珊瑚紅（Coral）色彩的程式碼。

ChatGPT回答畫面：

 珊瑚紅 (Coral) 的顏色代碼是 `#FF7F50`。您可以使用這個代碼在大部分的軟體或網頁設計工具中呈現珊瑚紅色。

10-3-4 網路學習資源或素材取得管道的查詢

當您深入學習Power BI時，網上學習資源與相關素材如背景或圖示都是不可或缺的。ChatGPT是個實用的工具，能協助您找到這些需求。例如，如果您正在製作一份有關銷售的Power BI報表，並想加入一些專業的背景或相關圖示以增加報表的吸引力，您可以問ChatGPT：「我需要一些有關銷售的Power BI背景圖片和圖示，你有推薦的資源嗎？」透過這種方式，您可以獲得具體且有用的建議，進一步優化您的報表設計。

CHAPTER

10

輸入問題：

> 請以繁體中文台灣用語回答Power BI線上學習資源。

ChatGPT回答畫面：

 抱歉，我了解您的需求。以下是以台灣用語提供的Power BI線上學習資源：

1. **Power BI 官方網站**：微軟的官方網站上有許多Power BI的教學材料，從基礎到進階都有，適合新手開始學習。
2. **微軟學習學院**：這裡有很多關於微軟產品的免費教學，當然也包括Power BI。
3. **Power BI 社群討論區**：你可以在這找到很多經驗豐富的Power BI使用者分享的經驗和技巧，如果遇到問題也可以提問。
4. **YouTube**：現在有很多台灣的YouTuber會分享Power BI的教學影片，你可以搜尋看看。
5. **線上教學平台**：像是 Udemy、Hahow 都有Power BI的相關課程，雖然可能需要付費，但通常都很值得。
6. **台灣的技術部落格**：有些專家會在自己的部落格上分享Power BI的實戰經驗和技巧，這些都是很實用的資源。

建議你可以多方搜尋、參考，選擇適合自己的學習方式和資源，祝學習愉快！

輸入問題：

> 請以繁體中文台灣用語回答Power Bi報表設計需要背景或圖像的免費網路資源。

ChatGPT回答畫面：

當然可以！以下是一些在台灣常用的免費網路資源，適合尋找背景或圖像來美化你的Power BI報表：

1. **Unsplash**：這是一個提供高解析度的免費圖片資源網站，裡面的照片都非常專業，而且免費可用於商業用途。
2. **Pexels**：另一個提供免費高品質照片的網站。你可以找到各種風格的背景或圖像。
3. **Pixabay**：除了高品質照片外，還有免費的向量圖、插畫和影片。
4. **Vecteezy**：專門提供免費向量圖的網站，非常適合需要圖示或特定設計元素的報表。
5. **台灣IconFinder**：這裡提供了許多免費的圖示，也包含了一些和台灣文化相關的圖示。
6. **Canva**：雖然主要是一個線上設計工具，但它也有大量的免費模板、背景和圖像，適合快速製作報表封面或特定版面。

在使用上述資源時，雖然多數圖片和圖像都聲稱是免費的，但建議仍要確認其授權條款，以避免未來可能的版權問題。希望這些建議能夠幫助你製作更專業、吸引人的Power BI報表！

10-3-5 使用ChatGPT編寫DAX公式

　　DAX是Power BI的核心語言，專為資料建模和分析而設。雖然專業的分析師可能對DAX有深入的了解，但偶爾使用者可能會對其用法感到困惑。在這情況下，ChatGPT成為了撰寫DAX公式的有力助手。

　　例如，假設您是一名銷售經理，希望了解最近三個月的平均銷售。即使您不熟悉如何建立這樣的DAX公式，您只需問ChatGPT：「我想計算最近三個月的銷售平均值，該如何使用DAX表示？」這樣，ChatGPT可以為您提供一個基礎公式或進一步的指導，使您可以輕鬆地完成分析工作。這不僅提高了效率，還使Power BI的功能更加強大和直觀。首先就來請ChatGPT來幫忙寫一個DAX公式，示範如下：

輸入問題：

> 請以繁體中文台灣用語回答如何寫一個DAX公式排序國英數三主科成績由高到低的順序。

ChatGPT回答畫面：

要在Power BI使用DAX公式來排序「國、英、數」三主科的成績，我們可以使用 `ORDER BY` 語法。但在模型裡面，DAX的排序通常是透過視覺化層面操作或資料模型的設定。

但如果你想創建一個新的表格或視覺化來顯示排序過的資料，你可以這樣做：

1. **建立一個新的衍生欄位：**
   你可以建立一個新的衍生欄位來計算總分，公式如下：

   ```DAX
   總分 ＝［國文成績］＋［英文成績］＋［數學成績］
   ```

2. **使用這個總分欄位來排序：**
   當你有了這個總分欄位後，你可以直接在Power BI的視覺化層面選擇使用這個欄位來排序。例如，如果你使用表格視覺化，你可以選擇「總分」欄位，並將其設定為「降冪排序」。

   當然，DAX還有更進階的功能可以用於排序或其他操作，但以上是最基本和常見的方式來進行簡單的成績排序。希望這能夠幫助你完成所需的操作！

10-3-6 使用ChatGPT編寫Power Query公式

Power Query是Power BI的資料整合引擎，專為資料轉換與清理而設。其功能不僅限於格式轉換，更可以進行資料的提取、轉換及載入，縮寫為ETL（Extract-Transform-Load）流程。

Power Query讓使用者能夠透過其編輯器進行資料的各項調整和清理。無論是指定標頭、移除重複列，還是簡單的字串操作，它都能夠應對。重點功能如下：

● 取得資料：支援從多種資料來源，如檔案、網路服務或資料庫提取資料。

● 資料轉換：使用者可以透過其視覺介面進行資料清洗，例如刪除重複、

更改資料類型或合併資料等。

● 結合資料：能將多組資料集整合爲單一資料集，促進跨資料的分析。

● 建立函數：提供自訂函數功能，使得特定轉換邏輯可以在多處重用。

● 載入資料：經過整理的資料可以直接載入Power BI，供後續報表與儀表板建立使用。

簡而言之，Power Query爲Power BI提供了一套完整的資料前處理工具，確保建立的報表基於高質量的資料來源。

10-3-7 使用ChatGPT編寫SQL查詢

SQL爲結構化查詢語言，是關聯式資料庫管理的核心工具，主要用於資料的查詢、更新、插入和刪除等。雖然Power BI主要使用DAX公式，但在某些情境下，SQL也成爲資料操作的有力工具。

在資料操作過程中，對於不太熟悉直接編寫SQL的使用者，ChatGPT可以提供協助，將自然語言指令轉換成特定的SQL程式碼。換句話說，你只需描述你想要的資料操作，ChatGPT就能爲你生成相應的SQL程式碼。例如，你可以指定特定欄位名稱，讓ChatGPT根據你的描述生成查詢。

然而，值得注意的是，ChatGPT的功能是基於訓練資料，並不保證完全掌握所有SQL語法和細節。因此，建議將ChatGPT視爲SQL編寫的輔助工具，而非唯一的編寫方式。

此外，一些SQL查詢可能會消耗大量時間。面對這樣的情境，你還可以詢問ChatGPT如何優化查詢，因爲查詢效率很大程度上取決於SQL程式碼的寫法。

下面我們將示範如何利用ChatGPT撰寫SQL查詢。

輸入問題：

你能寫一個SQL查詢，從成績表中提取所有的記錄，但要過濾掉低於40分及高於95分的成績記錄。

ChatGPT回答畫面：

 當然可以，以下是一個基本的SQL查詢語句，從名為「成績表」的資料表中提取資料，過濾掉低於40分及高於95分的成績記錄：

```sql
SELECT *
FROM 成績表
WHERE 成績 >= 40 AND 成績 <= 95;
```

這裡的假設是資料表的名稱為「成績表」且存放成績的欄位名稱是「成績」。你可能需要根據實際的資料表和欄位名稱進行調整。

　　透過這些實例，讀者可深刻體會ChatGPT於PowerBI資料分析的效用。這不僅助於創新地運用ChatGPT和PowerBI解決業務和資料難題，更能提高企業的分析能力和市場競爭性。將ChatGPT與PowerBI結合，不只為資料處理帶來更高效的策略，也為商業和研究範疇創造更深遠的價值。

## 第十一章

ChatGPT 與 VBA 巨集語言

在這一章中,我們將探索ChatGPT和VBA（Visual Basic for Applications）之間的結合,並介紹如何使用ChatGPT來進行VBA程式設計。VBA是Microsoft Office套件中的一種程式語言,可以用於自動化和擴充Office應用程式的功能。而ChatGPT是OpenAI開發的自然語言處理模型,具備強大的文字處理能力。結合這兩者,我們可以實現更智能和高效的VBA程式設計,從而為Office應用程式增加更多自動化和智能化功能。在本章中,我們將從VBA基礎知識開始,介紹ChatGPT如何與VBA結合,並透過實際應用範例展示ChatGPT在VBA程式設計中的潛力。

11-1 VBA基礎知識

VBA（Visual Basic for Applications）是一種類似於Visual Basic的程式語言,專門用於Microsoft Office套件中的應用程式,如Excel、Word、PowerPoint等。VBA為用戶提供了一種自定義和擴充Office應用程式功能的強大工具,使得用戶能夠透過程式設計方式自動化處理資料、建立自定義函數和處理Office應用程式中的事件。

11-1-1 VBA的起源和演進

我們將首先回顧VBA的起源和演進。VBA最早於1993年在Microsoft Office 4.0中引入，並隨後成為Microsoft Office套件中的標準程式語言。自那時以來，VBA在Office套件中不斷發展，並在各種應用場景中發揮著重要作用。

- 1980s：Microsoft推出了一款名為「Microsoft Basic」的產品，它是早期VBA開發的基石。
- 1991：VBA首次被引入到Microsoft Excel中，成為了該軟體的一個巨大優勢。
- 接下來的年代：VBA被整合進了多數的Microsoft Office產品，包括Word、PowerPoint、Access和Outlook。

隨著時間的推移，VBA從一個基本的巨集語言發展成一個功能強大的程式設計語言，它允許使用者進行自動化、資料處理、自訂介面和更多操作。

11-1-2 VBA在Office應用程式中的應用範圍

以下是VBA在Office應用程式中的應用範圍：

1. 自動化任務：自動化重複的任務，例如更新報表或整合資料。
2. 資料處理：在Excel中進行資料分析、清理和轉換。
3. 自訂表單和使用者介面：在Word或Excel中建立自訂的表單或者使用者介面。
4. 交互應用：建立彈出對話框、設計選單，進行應用間的互動。
5. 開發應用：在Access中使用VBA來開發更複雜的資料庫應用。

11-1-3 VBA的優勢

　　VBA使得Office使用者可以進行強大的自動化和擴充，並且不需要學習完全獨立的程式設計環境。以下是VBA的優勢：

1. 整合能力：VBA完美地整合在Microsoft Office套件中，讓使用者不需要其他工具或軟體即可進行程式設計。

2. 學習門檻低：對於已經熟悉Office產品的使用者，學習VBA相對簡單。

3. 靈活性：VBA提供了廣泛的程式設計功能，從簡單的巨集到複雜的應用程式都能開發。

4. 共享性：使用者可以在Office文件中內嵌VBA程式碼，輕鬆分享和傳遞自訂的功能。

5. 自定義和擴充：VBA允許使用者擴充Office的原生功能，建立自訂的工具和解決方案。

11-1-4 VBA的特點和功能

　　接著，我們將深入探討VBA的特點和功能。VBA作為一種強大的程式語言，具有豐富的功能和語法，包括變數和資料類型、條件語句、循環結構、函數和子程序等。以下是VBA主要特點和功能的簡介：

● 變數：VBA允許定義變數來存儲資料。例如：Dim myVar As Integer定義了一個整數變數myVar。

● 資料類型：VBA提供多種資料類型，如Integer、String、Double、Boolean等，以便存儲不同種類的資料。

● 條件語句：

　　If...Then...Else：用於基於一定條件執行不同的代碼塊。例如：

CHAPTER

11

```
If score >= 60 Then
    MsgBox "Passed"
Else
    MsgBox "Failed"
End If
```

● 循環結構：

For...Next：執行一定次數的循環。例如：For i = 1 To 10...Next i。

Do...Loop：基於條件的循環，例如Do Until ...或Do While ...。

For Each...Next：遍歷集合中的每一項，常見於Excel中遍歷工作表或單元格。

● 函數：

可返回值的程式碼塊。例如：

```
Function Add (a As Integer, b As Integer) As Integer
    Add = a + b
End Function
```

● 子程序（Sub）：

不返回值的程式碼塊，常用於執行特定任務。例如：

```
Sub ShowMessage()
    MsgBox "Hello, VBA!"
End Sub
```

● 模組和物件：

物件：VBA是基於物件導向的，所以它有許多內置的物件，如Excel中的Worksheet、Range等。

● 錯誤處理：

使用On Error來指定錯誤時的行為，如On Error Resume Next或On Error GoTo。

● API和外部函數呼叫：

VBA允許呼叫Windows API或其他DLL函數，擴充其功能。

上述這些功能和特點使VBA成為一個功能強大的程式語言，尤其適合於Office自動化和資料處理。

11-2 ChatGPT在Excel VBA的應用範例

本單元我們將介紹如何利用ChatGPT來編寫Excel VBA程式碼，結合其語言處理能力，實現自動化和增強的Excel功能。在本小節中，我們將學習如何使用ChatGPT來編寫Excel VBA程式碼，並實現一些常用的功能。這些功能包括拆分工作表和變更工作表背景色。透過ChatGPT的幫助，我們可以快速獲得所需的程式碼，從而節省時間並提高生產力。

11-2-1 請ChatGPT拆分工作表

拆分工作表是將一個大型工作表分割成多個小型工作表的過程，這對於管理大量資料和提高資料處理效率非常有用。ChatGPT將指導我們如何編寫程式碼來實現這一功能。

輸入問題：

請協助生成VBA程式碼，將Excel工作表拆成不同的活頁簿檔案，並將
這些檔案儲存在同一路徑，並以該工作表名稱作為該活頁簿的檔案名
稱。

ChatGPT回答畫面：

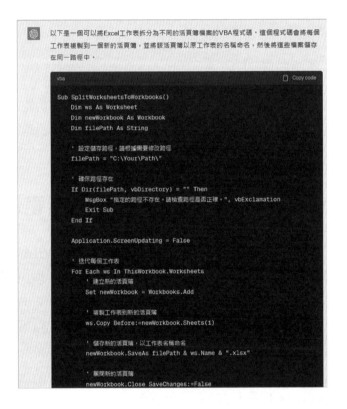

接著請按上圖中的「Copy Code」鈕，可以將ChatGPT所提供的VBA
程式碼複製下來。接著請各位開啓想要實作這段VBA程式碼的Excel活頁
簿檔案。例如下圖中的「在職訓練.xlsx」Excel活頁簿檔案。

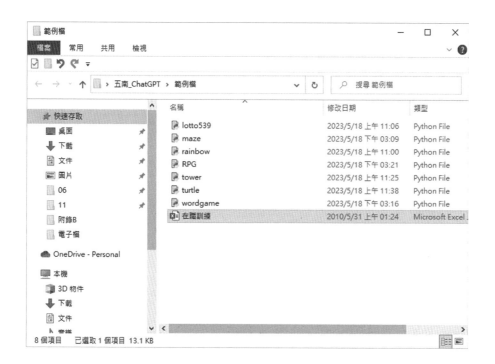

　　這個Excel活頁簿中包含了兩個工作表：「員工成績計算表」及「員工成績查詢」，而我們的任務就是希望可以透過ChatGPT產生的VBA程式碼，分別將這兩個工作表拆分成活頁簿檔案，並以該工作表名稱作爲該拆分後的活頁簿檔案的名稱。

	A	B	C	D	E	F	G	H	I	J	K
1	員工編號	員工姓名	電腦應用	英文對話	銷售策略	業務推廣	經營理念	總分	總平均	名次	
2	910001	王槙珍	98	95	86	80	88	447	89.4	2	
3	910002	郭佳琳	80	90	82	83	82	417	83.4	8	
4	910003	葉千瑜	86	91	86	80	93	436	87.2	4	
5	910004	郭佳華	89	93	89	87	96	454	90.8	1	
6	910005	彭天慈	90	78	90	78	90	426	85.2	6	
7	910006	曾雅琪	87	83	88	77	80	415	83	9	
8	910007	王貞琇	80	70	90	93	96	429	85.8	5	
9	910008	陳光輝	90	78	92	85	95	440	88	3	
10	910009	林子杰	78	80	95	80	92	425	85	7	
11	910010	李宗勳	60	58	83	40	70	311	62.2	12	
12	910011	蔡昌洲	77	88	81	76	89	411	82.2	10	
13	910012	何福謀	72	89	84	90	67	402	80.4	11	
14											
15											

員工成績計算表　　員工成績查詢　　+

當您打開Excel活頁簿檔案後，只需按下快速鍵「Alt+F11」，即可進入編輯VBA程式碼的環境。在Excel檔案的編輯環境中，如果您想新增一個VBA模組，請參考下圖所示的操作方式：

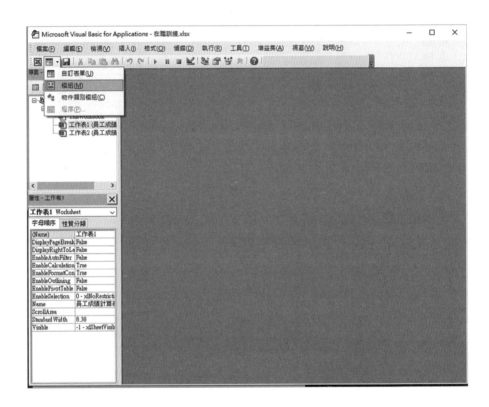

　　接著執行「編輯/貼上」指令或按「Ctrl+V」快速鍵，就可以複製貼上VBA程式碼到該模組。如下圖所示：

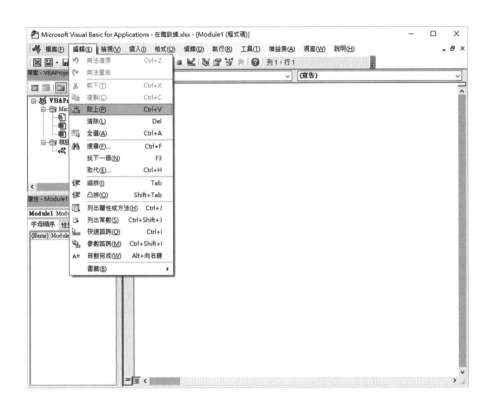

在執行VBA程式碼之前,請務必先儲存檔案。當您按下工具列上的「儲存」按鈕時,將會彈出下圖所示的視窗,提醒您含有VBA程式碼功能的活頁簿無法儲存為沒有巨集的活頁簿:

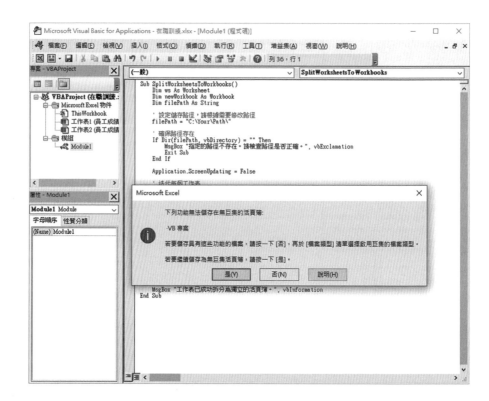

　　請按一下「否」鈕，再於「檔案類型」清單中選擇啓用巨集的檔案類型，最後再按下「儲存」鈕。如下圖所示：

　　然而，在儲存之前，請根據您的情況稍微修改程式碼。例如，在這個例子中，請確保調整工作表的路徑後再進行儲存操作。完成後，您可以按下工具列上「執行」按鈕，該按鈕位於下圖所示位置：

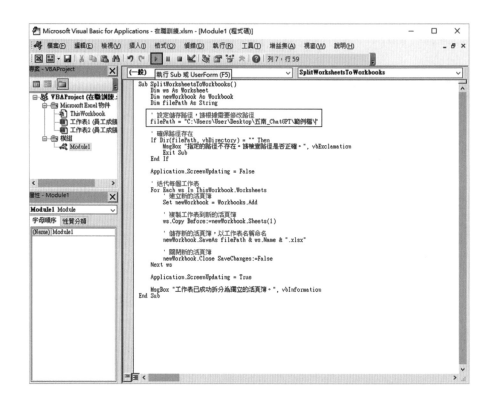

在完成工作表拆分工作後，您詢問的ChatGPT程式會彈出一個訊息視窗，如下圖所示。只需直接按下「確定」按鈕即可繼續。

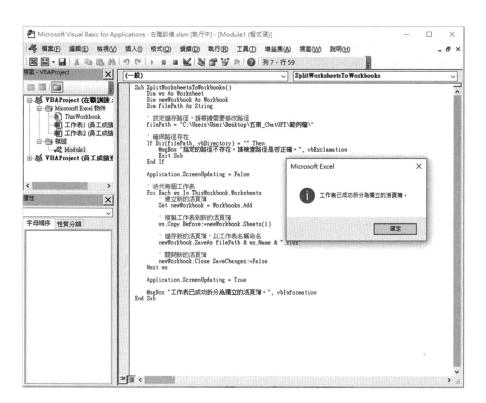

完成該段VBA程式碼的執行後，您將在原始資料夾中找到兩個新的Excel活頁簿檔案，如下圖所示的「員工成績計算表」和「員工成績查詢」。

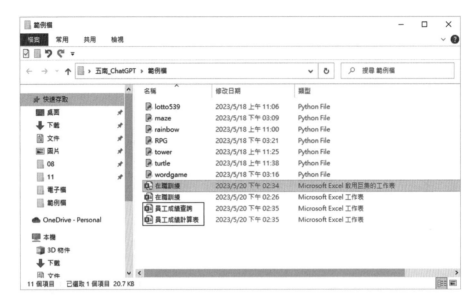

　　請嘗試打開這兩個活頁簿檔案，您將看到該VBA模組已成功完成指定的任務。原本的「業績表」Excel活頁簿檔案中的兩個工作表已經分別拆分爲兩個以工作表名稱命名的活頁簿檔案：「員工成績計算表」和「員工成績查詢」。

	A	B	C	D	E	F	G	H	I	J	K
1	員工編號	員工姓名	電腦應用	英文對話	銷售策略	業務推廣	經營理念	總分	總平均	名次	
2	910001	王楨珍	98	95	86	80	88	447	89.4	2	
3	910002	郭佳琳	80	90	82	83	82	417	83.4	8	
4	910003	葉千瑜	86	91	86	80	93	436	87.2	4	
5	910004	郭佳華	89	93	89	87	96	454	90.8	1	
6	910005	彭天慈	90	78	90	78	90	426	85.2	6	
7	910006	曾雅琪	87	83	88	77	80	415	83	9	
8	910007	王貞琇	80	70	90	93	96	429	85.8	5	
9	910008	陳光輝	90	78	92	85	95	440	88	3	
10	910009	林子杰	78	80	95	80	92	425	85	7	
11	910010	李宗勳	60	58	83	40	70	311	62.2	12	
12	910011	蔡昌洲	77	88	81	76	89	411	82.2	10	
13	910012	何福謀	72	89	84	90	67	402	80.4	11	
14											

員工成績計算表.xlsx工作表外觀

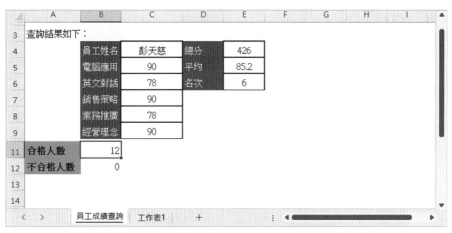

員工成績查詢.xlsx工作表外觀

11-2-2 請ChatGPT變更標題列背景色及字體大小

本小節將介紹如何使用ChatGPT來調整標題列的背景色和字體大小，以提升文件的視覺效果和可讀性。透過ChatGPT的幫助，您可以輕鬆地進行這些設定，讓您的文件更加個性化和專業。

輸入問題：

生成VBA程式碼，將Excel檔案第一張工作表目前有資料的儲存格範圍標題列背景色變更為藍色，並將字體大級設定為20級字，水平置中對齊。

ChatGPT回答畫面：

> TX　生成VBA程式碼，將Excel檔案第一張工作表目前有資料的儲存格範圍標題列背景色變更為藍色，並將字體大級設定為20級字，水平置中對齊。

> 以下是將Excel檔案第一張工作表目前有資料的儲存格範圍標題列背景色變更為藍色，並將字體大小設定為20級字，水平置中對齊的VBA程式碼：

```vba
Sub ModifyHeaderFormatting()
    Dim ws As Worksheet
    Dim headerRange As Range

    ' 取得第一張工作表
    Set ws = ThisWorkbook.Worksheets(1)

    ' 取得標題列範圍 (假設標題列在第一列且無空白)
    Set headerRange = ws.Range(ws.Cells(1, 1), ws.Cells(1, ws.UsedRange.Colu

    ' 設定背景顏色為藍色
    headerRange.Interior.Color = RGB(0, 0, 255)

    ' 設定字體大小為20級字
    headerRange.Font.Size = 20

    ' 設定水平置中對齊
    headerRange.HorizontalAlignment = xlCenter
End Sub
```

> 請將此程式碼放置在Excel的VBA編輯器中（按下Alt + F11打開編輯器），並運行該程式碼。它會將第一張工作表目前有資料的儲存格範圍的標題列背景色設為藍色，並將字體大小設定為20級字，水平置中對齊。

接著開啓要變更背景的工作表，如下圖所示：（參考檔案：書籍銷售.xlsx）

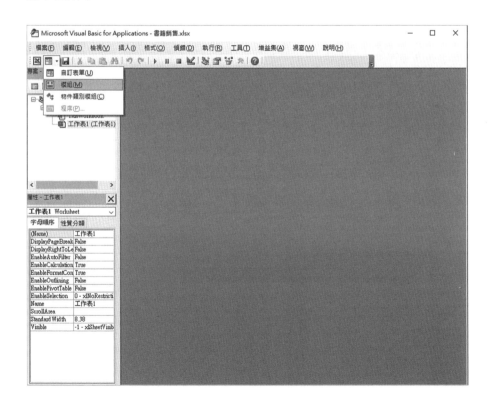

再按下「Alt+F11」快速鍵，可以開啟撰寫VBA程式碼的編輯環境，如下圖所示：

CHAPTER

11

按照上圖的指示，您可以在這個Excel檔案中新增一個VBA模組。然後，您可以執行「編輯/貼上」指令或使用「Ctrl+V」快速鍵，將剛才複製的代碼貼上到VBA程式碼的編輯器中。在程式碼貼上後，您可以點擊工具列上的「執行」按鈕，其位置如下圖所示：

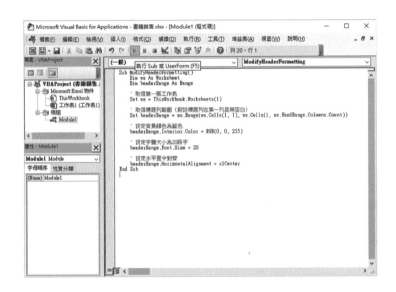

完成這段VBA程式碼的執行後，Excel檔案中第一個工作表目前有資料的儲存格範圍的標題列背景色已經成功變更爲藍色，同時字體大小也被設定爲20，並且水平置中對齊。具體效果如下圖所示：

	A	B	C	D	E	F	G
1	書名	定價	數量	折扣	總金額		
2	C語言	500	50	0.85	21250		
3	C++語言	540	100	0.9	48600		
4	C#語言	580	120	0.9	62640		
5	Java語言	620	40	0.8	19840		
6	Python語言	480	540	0.95	246240		
7							
8							

工作表1 +

11-3 ChatGPT在Word VBA的應用範例

除了ChatGPT在Excel VBA的應用範例，我們還將關注ChatGPT在Word排版應用方面的應用。您將學習如何利用ChatGPT來調整字體、字型和色彩，使文件呈現更吸引人的外觀。同時，我們將討論如何使用ChatGPT來改變標題和內文的格式，以提升文件的結構和可讀性。

另外，您還將學習如何利用ChatGPT來對齊Word文件中的表格，並添加表格框線和網底，以提高表格的可視性和美觀度。最後，我們將重點介紹如何使用ChatGPT處理Word文件中的圖片和圖形物件，進一步增強文件的視覺效果。

11-3-1 ChatGPT在Word排版應用：變更字體、字型及色彩

本小節將介紹如何利用ChatGPT自動變更Word文件中的字體顏色。在處理大量的文件或需要統一字體顏色的內容時，手動逐一修改字體顏色可能非常耗時且容易出錯。然而，借助ChatGPT可以自動化這個過程，節省時間和精力。

在本節中，將探討如何使用Word VBA（Visual Basic for Applications）程式語言結合ChatGPT的語言處理功能，來批次修改Word文件中的字體顏色。這種自動化的方法將使您能夠輕鬆地統一和修改大量文件中的字體顏色，確保整個文件的一致性和視覺效果。無論是對單一文件還是對整個文件庫進行字體顏色的變更，ChatGPT將成為您的強大助手。

接下來的內容將詳細解釋如何實施這種自動化的字體顏色變更方法，使您能夠更高效地處理Word文件中的字體顏色。

提問：

> 請用繁體中文生成Word VBA代碼，請將Word文件中的字體變成標楷
> 體，字型大小為16級字，字型色彩為藍色。

ChatGPT回答畫面：

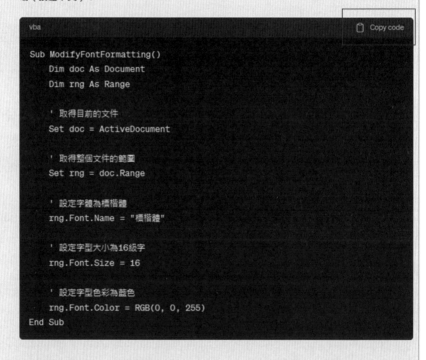

TX　請用繁體中文生成Word VBA代碼，請將Word文件中的字體變成標楷體，字型大小為16級字，字型色彩為藍色。

以下是將Word文件中的字體變更為標楷體，字型大小為16級字，字型色彩為藍色的VBA程式碼（繁體中文）：

```vba
Sub ModifyFontFormatting()
    Dim doc As Document
    Dim rng As Range

    ' 取得目前的文件
    Set doc = ActiveDocument

    ' 取得整個文件的範圍
    Set rng = doc.Range

    ' 設定字體為標楷體
    rng.Font.Name = "標楷體"

    ' 設定字型大小為16級字
    rng.Font.Size = 16

    ' 設定字型色彩為藍色
    rng.Font.Color = RGB(0, 0, 255)
End Sub
```

將此程式碼放置在Word的VBA編輯器中（按下Alt＋F11打開編輯器），並運行該程式碼。它會將Word文件中的字體變更為標楷體，字型大小為16級字，字型色彩為藍色。

接著請按上圖中的「Copy Code」鈕，即可將該VBA程式碼複製到剪貼簿中。接著，開啓您想要應用這段VBA程式碼的Word檔案，例如圖中的「ChatGPT.docx」Word文件。

當您開啓這個Word檔案時，您會看到文件的內容，而我們的目標是透過ChatGPT生成的VBA程式碼，將這個Word文件中的字體顏色進行轉換。目前，原始文件中的字體顏色是黑色。

CHAPTER

11

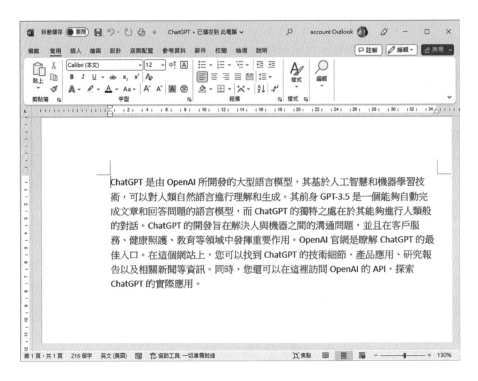

　　首先請各位按下「Alt+F11」快速鍵，就可以開啓撰寫VBA程式碼的
編輯環境，如下圖所示：

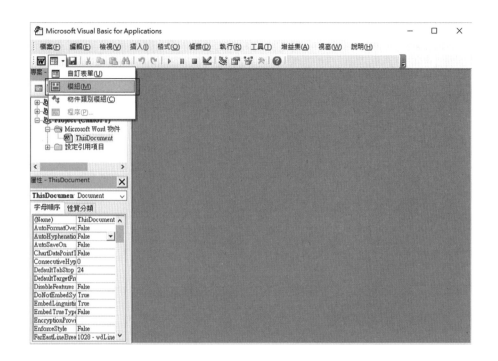

接下來，按照上圖所示的指示，在這個Word檔案中新增一個VBA模組。然後執行「編輯/貼上」指令或按下「Ctrl+V」快速鍵，將剛剛複製的程式碼貼上到VBA程式碼編輯器中。在貼上程式碼後，建議在執行這段程式碼之前按下儲存鈕，以確保程式碼已經保存。如下圖所示：

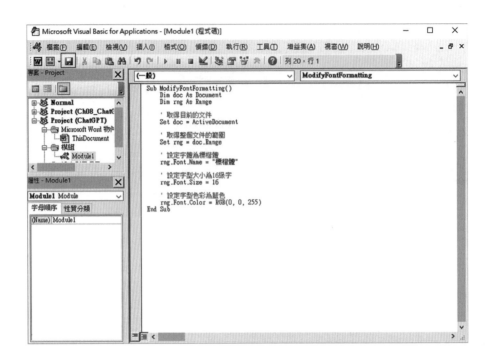

會出現下圖視窗告知VBA專案無法儲存在無巨集文件中，請按下「否（N）」鈕。

接著將「存檔類型」設定成「Word啟用巨集的文件」，並輸入檔案名稱，最後再按下「儲存」鈕。

之後就可以按下工作列上「執行」鈕，如下圖所示的位置：

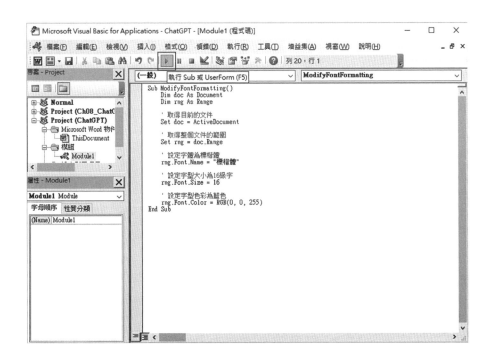

執行完VBA巨集後之後，可以在原檔的儲存位置中看到多了一個
Microsoft Word啓用巨集的文件的檔案。

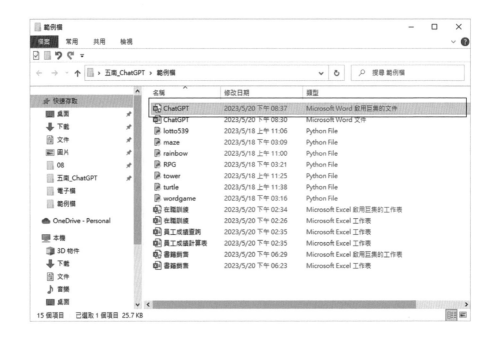

請打開該檔案，您將看到其中的文字已被修改爲標楷體字型，字體大
小設爲16級，並以藍色作爲字型顏色。

11-3-2 ChatGPT在Word排版應用：變更標題及內文格式

本小節將介紹如何利用ChatGPT自動變更Word文件中的標題和內文格式。這種自動化的方法將使您能夠輕鬆地統一和修改大量文件中的標題和內文格式，確保整個文件的一致性和專業性。接下來的內容將詳細解釋如何實施這種自動化的標題和內文格式變更方法。

提問：

> 請用繁體中文幫我寫一個Word VBA程式碼，標題字體微軟正黑體，加粗，字型大小20級字，文字居中。標題1字體新細明體，字型大小16級字，首行2字元，行距：1.5倍。內文字體標楷體，字型大小12級字，首行2字元，行距：1.5倍。

ChatGPT回答畫面：

請用繁體中文幫我寫一個Word VBA程式碼，標題字體微軟正黑體，加粗，字型大小20級字，文字居中。標題1字體新細明體，字型大小16級字，首行2字元，行距：1.5倍。內文字體標楷體，字型大小12級字，首行2字元，行距：1.5倍。

以下是符合您要求的Word VBA程式碼：

```vba
Sub 設定文件格式()
    With ActiveDocument
        ' 設定標題字體
        .Styles(wdStyleHeading1).Font.Name = "微軟正黑體"
        .Styles(wdStyleHeading1).Font.Bold = True
        .Styles(wdStyleHeading1).Font.Size = 20
        .Styles(wdStyleHeading1).ParagraphFormat.Alignment = wdAlignParagrap

        ' 設定標題 1 字體
        .Styles(wdStyleHeading2).Font.Name = "新細明體"
        .Styles(wdStyleHeading2).Font.Size = 16
        .Styles(wdStyleHeading2).ParagraphFormat.FirstLineIndent = Centimete
        .Styles(wdStyleHeading2).ParagraphFormat.LineSpacingRule = wdLineSpa

        ' 設定內文字體
        .Styles(wdStyleNormal).Font.Name = "標楷體"
        .Styles(wdStyleNormal).Font.Size = 12
        .Styles(wdStyleNormal).ParagraphFormat.FirstLineIndent = Centimeters
        .Styles(wdStyleNormal).ParagraphFormat.LineSpacingRule = wdLineSpace
    End With
End Sub
```

您可以將此程式碼複製到Word的VBA編輯器中，然後執行該巨集以設定文件格式。請確保在執行之前已經打開了一份文件。

　　打開您要執行VBA巨集的文件，例如下圖所示的「ChatGPT應用實例.docx」文件外觀。

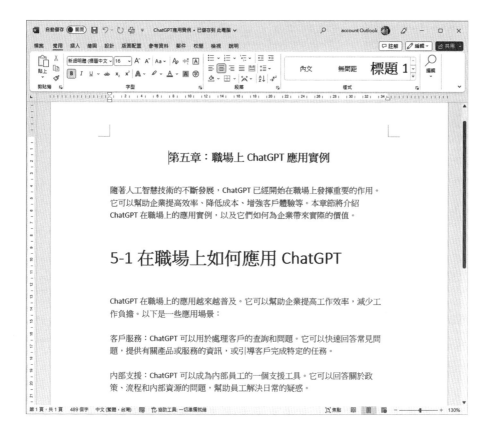

　　首先，請按下「Alt+F11」快速鍵，以開啓VBA程式碼的編輯環境。接著，在這個Word檔案中新增一個VBA模組。然後，執行「編輯/貼上」指令或按下「Ctrl+V」快速鍵，將先前複製的程式碼貼上到VBA程式碼的編輯器中。

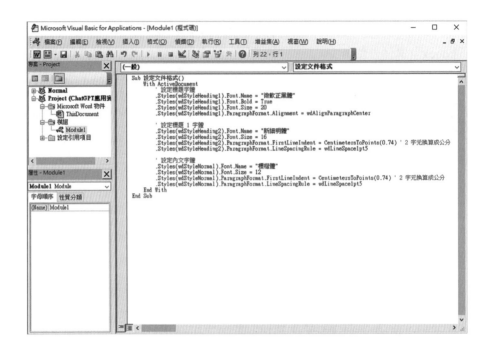

在貼上程式碼後，建議先按下儲存鈕，將檔案儲存成一個啟用巨集的Word文件。接著，按下「執行」鈕（或按下快速鍵F5）來執行這段VBA程式碼。如果一切順利，原文件經過VBA巨集指令的執行後，您應該可以看到以下的外觀結果：

11-3-3 ChatGPT在Word排版應用：表格對齊

　　本小節將介紹如何利用ChatGPT解決Word表格對齊問題。在處理Word文件中的表格時，正確的對齊是保持內容整潔和易讀的重要因素之一。然而，手動調整表格的對齊可能很繁瑣，尤其是在處理大型文件或包含複雜結構的表格時。

　　在本節中，將介紹如何使用Word VBA和ChatGPT的能力，以自動對齊Word文件中的表格。我們將探討如何操作表格的屬性，並使用ChatGPT提供的語言處理功能來解析和調整表格內容的對齊方式。

提問：

> 請用繁體中文幫我寫一個Word VBA程式碼，讓表格中的所有文字在儲
> 存格中自動向右對齊。

ChatGPT回答畫面：

開啟要執行VBA巨集的文件，例如下圖的「表格.docx」的文件外觀，如下圖所示：

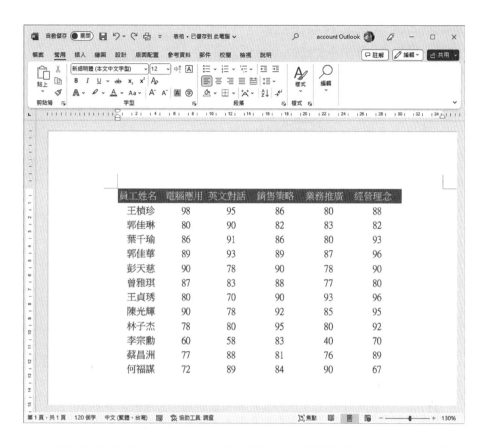

員工姓名	電腦應用	英文對話	銷售策略	業務推廣	經營理念
王楨珍	98	95	86	80	88
郭佳琳	80	90	82	83	82
葉千瑜	86	91	86	80	93
郭佳華	89	93	89	87	96
彭天慈	90	78	90	78	90
曾雅琪	87	83	88	77	80
王貞琇	80	70	90	93	96
陳光輝	90	78	92	85	95
林子杰	78	80	95	80	92
李宗勳	60	58	83	40	70
蔡昌洲	77	88	81	76	89
何福謀	72	89	84	90	67

　　首先請各位按下「Alt+F11」快速鍵，可以開啓撰寫VBA程式碼的編輯環境，接著在這個Word檔案中新增一個VBA模組，接著執行「編輯/貼上」指令或按「Ctrl+V」快速鍵，就可以將剛才複製的程式碼貼上VBA程式碼的編輯器。程式貼上後，要執行之前建議先按下儲存鈕，將檔案儲存成一種Word啓用巨集的文件，接著按下「執行」鈕（或按快速鍵F5）執行這支VBA程式。

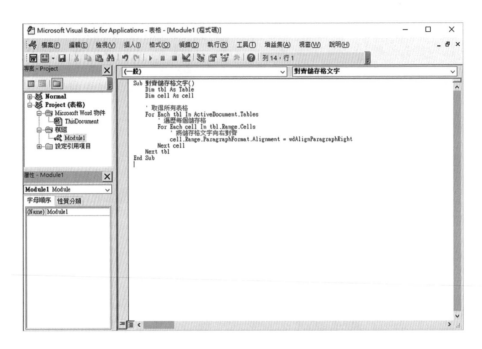

如果可以正常執行，表格中的所有文字在儲存格中自動向右對齊，就可以看到如下的外觀結果：

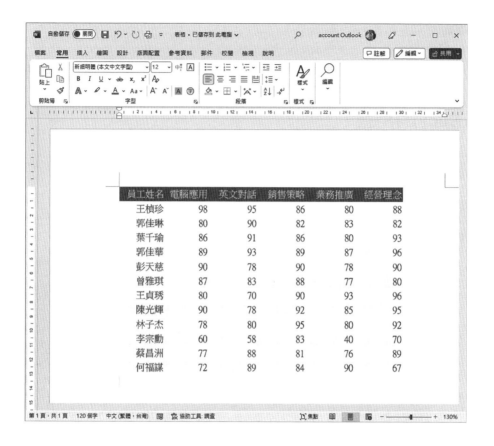

11-3-4 ChatGPT在Word排版應用：表格框線及網底

　　本小節將介紹如何使用Word VBA結合ChatGPT的語言處理功能，來批次修改Word文件中的表格框線樣式。這種自動化的方法將使您能夠輕鬆地統一和修改大量文件中的表格框線樣式，確保整個文件的一致性和視覺效果。

CHAPTER

11

提問：

> 請用繁體中文幫我寫一個Word VBA程式碼，讓文件中所有表格的外框線設定藍色雙線，表格網底設定粉紅色。

ChatGPT回答畫面：

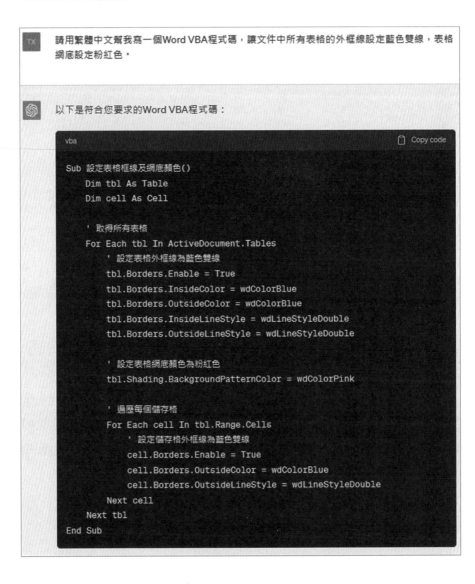

TX　請用繁體中文幫我寫一個Word VBA程式碼，讓文件中所有表格的外框線設定藍色雙線，表格網底設定粉紅色。

以下是符合您要求的Word VBA程式碼：

```vba
Sub 設定表格框線及網底顏色()
    Dim tbl As Table
    Dim cell As Cell

    ' 取得所有表格
    For Each tbl In ActiveDocument.Tables
        ' 設定表格外框線為藍色雙線
        tbl.Borders.Enable = True
        tbl.Borders.InsideColor = wdColorBlue
        tbl.Borders.OutsideColor = wdColorBlue
        tbl.Borders.InsideLineStyle = wdLineStyleDouble
        tbl.Borders.OutsideLineStyle = wdLineStyleDouble

        ' 設定表格網底顏色為粉紅色
        tbl.Shading.BackgroundPatternColor = wdColorPink

        ' 遍歷每個儲存格
        For Each cell In tbl.Range.Cells
            ' 設定儲存格外框線為藍色雙線
            cell.Borders.Enable = True
            cell.Borders.OutsideColor = wdColorBlue
            cell.Borders.OutsideLineStyle = wdLineStyleDouble
        Next cell
    Next tbl
End Sub
```

　　開啓要執行VBA巨集的文件，例如下圖的「表格框線.docx」的文件外觀。

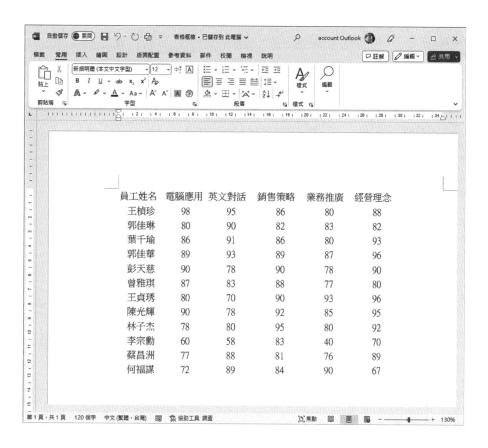

　　請依照以下步驟執行VBA程式碼：

1. 按下「Alt+F11」快速鍵，以開啓VBA程式碼的編輯環境。

2. 在Word檔案中新增一個VBA模組。

3. 執行「編輯/貼上」指令或按下「Ctrl+V」快速鍵，將剛才複製的程式碼貼上至VBA程式碼編輯器中。

4. 在貼上程式碼後，建議按下儲存鈕，將檔案儲存成啓用巨集的Word文件。

5. 按下「執行」鈕（或按下快速鍵F5）以執行該VBA程式。

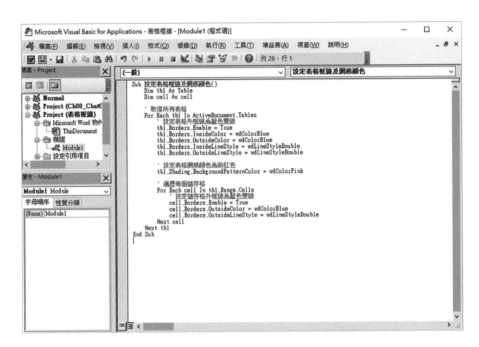

　　如果VBA程式能夠正常執行，則所有表格的外框線將被設定為藍色雙線，並且表格的網格底色將被設定為粉紅色。您將能夠看到如下的外觀結果：

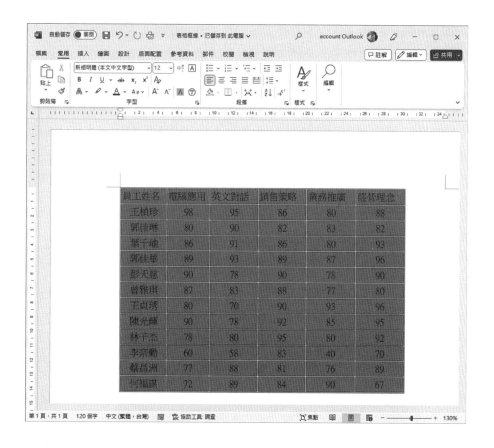

11-3-5 ChatGPT在Word排版應用：圖片及圖形物件

在現代文書處理軟體中，像是Microsoft Word，排版和圖片處理是創作精美文件的關鍵元素之一。在Word排版應用中，如何處理圖片和圖形物件。圖片和圖形物件是文件中常見的元素，它們可以用來增強內容的視覺效果、提供補充訊息或者起到裝飾作用。而ChatGPT不僅可以幫助生成內容，還可以在文件中處理圖片。

在本節中，我們將深入探討如何調整、編輯和格式化圖片和圖形物件，以及一些實用的技巧和技巧。透過學習這些技巧，您將能夠更好地處

理圖片和圖形物件，使您的文件更具吸引力和專業性。無論您是在製作報告、文件還是其他類型的內容，這些技巧都將對您有所幫助。

● 刪除文字方塊

在本小節中，我們將探討如何使用ChatGPT來刪除Word文件中的文字方塊。文字方塊在文件編輯和排版中扮演著重要的角色，但有時候我們可能需要移除或更改某些文字方塊以滿足特定需求。透過ChatGPT我們可以輕鬆處理文字方塊的操作，進一步增強文件的編輯彈性和美觀度。

提問：

請用繁體中文幫我寫一個Word VBA程式碼，刪除文件中所有文字方塊。

ChatGPT回答的參考程式碼：

```
Sub 刪除文字方塊()
    Dim shp As Shape

    For Each shp In ActiveDocument.Shapes
        If shp.Type = msoTextBox Then
            shp.Delete
        End If
    Next shp
End Sub
```

● 圖形填滿色彩

本節將介紹如何使用ChatGPT為圖形物件添加填充色彩，進一步提升

文件或報告的視覺效果。填充色彩可以使圖形更加鮮明生動，吸引讀者的目光並突出重點內容。透過ChatGPT提供的指令和技巧，您可以輕鬆自定義圖形的填充色彩，根據需要選擇適合的配色方案。

提問：

> 請用繁體中文幫我寫一個Word VBA程式碼，讓文件中所有圖形的填滿色彩為綠色。

ChatGPT回答的參考程式碼：

```
Sub 設定圖形填充色彩()
    Dim shp As Shape

    For Each shp In ActiveDocument.Shapes
        shp.Fill.ForeColor.RGB = RGB(0, 255, 0)' 綠色
    Next shp
End Sub
```

● 文字方塊格式設定

本節將介紹如何使用ChatGPT來進行文字方塊的格式設定，使您的文件更具視覺吸引力和專業性。文字方塊是在文件中突出展示重要訊息或添加註釋的理想工具。透過ChatGPT提供的功能和指令，我們可以輕鬆修改文字方塊的外觀、尺寸、對齊方式等，以滿足不同的排版需求。

提問：

> 請用繁體中文幫我寫一個Word VBA程式碼，讓文件中所有文字方塊的字型色彩設定為紅色及字體大小為20級字。

ChatGPT回答的參考程式碼：

```
Sub 設定文字方塊字型()
    Dim shp As Shape

    For Each shp In ActiveDocument.Shapes
        If shp.Type = msoTextBox Then
            shp.TextFrame.TextRange.Font.Color = RGB(255, 0, 0)' 紅色
            shp.TextFrame.TextRange.Font.Size = 20
        End If
    Next shp
End Sub
```

● 為圖片加上框線

　　本節將介紹如何使用ChatGPT為圖片添加框線，提升圖片的視覺效果和可視性。框線可以使圖片在文件或報告中更加突出，並使其與周圍的內容區分開來。透過ChatGPT提供的功能和指令，我們可以輕鬆地為圖片選擇合適的框線樣式、粗細和顏色。

提問：

> 請用繁體中文幫我寫一個Word VBA程式碼，讓文件中所有圖片加上粗框線，框線寬度設定為3 pt。

ChatGPT回答的參考程式碼：

```
Sub 添加圖片框線()
    Dim shp As Shape


    For Each shp In ActiveDocument.Shapes
        If shp.Type = msoPicture Then
            shp.Line.Weight = 3
        End If
    Next shp
End Sub
```

● 縮放圖片尺寸

　　調整圖片尺寸是在設計和排版中常見的任務，它可以使圖片與其他內容相協調，確保視覺上的平衡和一致性。透過ChatGPT提供的功能和指令，我們可以快速且精確地調整圖片的寬度、高度和比例，以達到最理想的呈現效果。

提問：

> 請用繁體中文幫我寫一個Word VBA程式碼，讓文件中所有圖片的大小依原比例縮小50%。

● ChatGPT回答的參考程式碼：

```
Sub 縮小圖片尺寸()
    Dim shp As Shape
```

```
    For Each shp In ActiveDocument.Shapes
        If shp.Type = msoPicture Then
            shp.LockAspectRatio = msoFalse
            shp.ScaleWidth 0.5, msoFalse, msoScaleFromTopLeft
            shp.ScaleHeight 0.5, msoFalse, msoScaleFromTopLeft
        End If
    Next shp
End Sub
```

第四篇　一般應用篇

## 第十二章

ChatGPT 與外掛擴充功能

在這一章中，我們將探討ChatGPT與外掛的結合。外掛是一類在軟體或應用程式中添加的擴充功能，它們可以為使用者帶來更便利和高效的操作體驗。本章將分為三節，首先是外掛的概述，然後是介紹如何使用ChatGPT開發外掛的方法與技巧的基本觀念與流程架構，最後是示範ChatGPT在不同外掛中的應用範例。透過本章的學習，讀者將更深入地了解ChatGPT在外掛開發中的應用價值，並能夠在自己的項目中運用這一技術來提升產品的功能和使用體驗。

12-1 外掛概述

外掛是指在現有軟體或應用程式中添加的擴充功能，主要目的在提供更多的功能選項和便利性。我們將深入探討外掛的定義、特點和常見應用情境，例如瀏覽器外掛（或稱擴充功能）。透過了解外掛的基本概念，讀者將對ChatGPT與外掛的結合有更清晰的認識。

12-1-1 外掛的定義與特點

當我們談到外掛，我們指的是一種能在現有的軟體或應用程式中添加的擴充功能。這些外掛模組提供了更多的功能選項和便利性，讓使用者可

以根據自己的需求進行自定義和擴充。舉例來說,如果我們正在使用一個瀏覽器,但我們希望有一些特定的功能,例如阻擋廣告、保存網頁或是自動填寫表單,我們就可以尋找並安裝相應的外掛來實現這些功能。

外掛的特點主要有以下幾點:

● 自定義性:外掛通常是根據使用者需求設計的。因此,透過安裝外掛,使用者可以定制和擴充他們的軟體功能,使其更符合自己的使用習慣和需求。

● 靈活性:外掛能夠讓軟體具有更大的靈活性,使用者可以根據自己的需求來選擇和使用外掛,甚至可以同時使用多個外掛。

● 增強性:外掛可以增強軟體的功能和效能。透過安裝外掛,使用者可以擴充軟體的功能,增加新的特性和服務。

● 易於使用:大多數的外掛都設計得簡單易用,並且有詳細的安裝和使用說明,讓使用者可以輕易地了解如何使用和配置外掛。

以上就是外掛的一些基本特點,透過理解這些特點,我們可以更好地了解外掛對於軟體和應用程式的重要性,並且能夠根據自己的需求來選擇和使用適合的外掛。

12-1-2 常見應用情境

外掛在各種軟體和應用程式中都有廣泛的應用。以下我們將介紹幾種常見的應用情境:

● 瀏覽器外掛:瀏覽器外掛是最常見的一種外掛應用。例如,我們可以安裝阻擋廣告的外掛,來避免在瀏覽網頁時被各種廣告打擾。另外,我們也可以安裝保存網頁的外掛,這樣我們就可以在沒有網路的情況下閱讀網頁。還有一些外掛可以提供自動填寫表單、管理密碼等功能,大大提高了我們的瀏覽效率。

● 辦公軟體外掛:在辦公軟體中,我們也經常使用到外掛。例如,在使用

Word或Excel時，我們可以安裝一些外掛來實現特殊的功能，例如數據分析、檔案轉換等。

● 社群媒體外掛：在社群媒體上，我們也可以使用外掛來增強我們的體驗。例如，我們可以使用一些外掛來管理我們的貼文，或者自動回應留言等。

12-2 使用ChatGPT開發外掛

這一節將重點介紹如何使用ChatGPT來開發外掛。我們將指導讀者如何設計和開發與ChatGPT相關的外掛的基本觀念，包括外掛的架構設計、功能實現方法和整合步驟。透過這些指導，讀者將能夠開發出更具智慧化和人性化的外掛，爲使用者帶來更優質的使用體驗。

12-2-1 設計外掛架構

設計外掛架構是開發外掛的第一步，只有建立了良好的架構，才能確保外掛的開發和執行效率。在開發與ChatGPT相關的外掛時，我們需要將ChatGPT的功能需求和特點充分融入到外掛架構中，讓外掛能夠有效地利用ChatGPT的強大能力。

首先，我們需要確定外掛的基本功能需求。這可以根據實際應用情境來確定，例如，如果我們希望開發一個翻譯外掛，我們就需要確定外掛需要實現的翻譯功能和所需支援的語言。

接著，我們需要確定外掛與ChatGPT的介面。這個介面就是外掛與ChatGPT交換資訊的橋樑。我們需要設計一個能夠接收和處理ChatGPT輸出的介面，同時也需要能夠將處理結果回傳給ChatGPT的介面。

最後，我們需要考慮外掛的使用者介面。外掛的使用者介面應該簡單明瞭，方便使用者操作。同時，也需要考慮到與ChatGPT的互動，例如，

我們可以設計一個讓使用者輸入命令，並將命令傳送給ChatGPT處理的介面。

在確定了外掛架構後，我們就可以進入下一步，開始實現外掛的功能。

12-2-2 功能實現方法

有了良好的外掛架構，我們就可以開始實現外掛的功能。在實現功能時，我們需要考慮到ChatGPT的特點和能力，以及我們的功能需求。

首先，我們需要實現與ChatGPT的介面。這個介面將負責接收ChatGPT的輸出，並將其轉換成我們需要的格式。同時，這個介面也需要能夠將我們處理的結果傳送給ChatGPT。

然後，我們需要實現外掛的主要功能。這個功能的實現方式會根據具體的需求而變化。最後，我們需要實現外掛的使用者介面。這個介面需要簡單易用，讓使用者能夠方便地操作外掛。實現功能後，我們就可以進入下一步，將外掛與ChatGPT整合。

12-2-3 外掛與ChatGPT的整合步驟

最後一步是將外掛與ChatGPT整合，讓外掛能夠執行在ChatGPT的環境中，並與之進行互動。

首先，我們需要將開發好的外掛與ChatGPT的介面連接起來。這可能涉及到一些設定檔的配置，以及一些程式語言的語法。

然後，我們需要在ChatGPT的環境中測試外掛的功能。這個過程可能涉及到多次的測試和調整，以確保外掛能夠正常執行。

最後，我們需要將外掛正式部署到ChatGPT的環境中，讓使用者能夠使用。這可能涉及到一些部署的步驟，例如上傳外掛到伺服器，設定伺服

器的設定等。

透過這些步驟，我們就可以將開發好的外掛與ChatGPT整合，讓使用者能夠使用這個外掛，並從中獲得便利。

也就是說，使用ChatGPT開發外掛是一個需要深入了解ChatGPT能力，並結合實際需求進行設計和開發的過程。只有在了解了ChatGPT的特性並將其融入到外掛開發中，我們才能開發出更具智慧化和人性化的外掛，爲使用者帶來更優質的使用體驗。

12-3 ChatGPT在不同外掛中的應用範例

最後，我們將以Chrome瀏覽器爲主，介紹幾個最熱門的Chrome擴充功能，以及如何使用它們來增強ChatGPT的能力。這些實例將幫助讀者更深入了解ChatGPT在外掛中的眞實應用效果。

12-3-1 即時網頁聊天伴侶：WebChatGPT

WebChatGPT是一個基於網頁的聊天機器人程式。它使用OpenAI的語言模型，具有自然語言處理的能力，可以回答問題、提供資訊、執行指令等。WebChatGPT的功能包括：

● 回答問題：你可以提出各種問題，包括常見知識、事實查詢、定義解釋等，它會試圖給出最合適的回答。

● 提供資訊：你可以尋求關於特定主題的資訊，如新聞、歷史、科學、技術等，它會努力提供相關的內容。

● 執行指令：如果你有需要，你可以讓WebChatGPT執行一些指令或請求，如計算數學問題、翻譯文字、生成文本等。

目前OpenAI限制了ChatGPT聊天機器人檢索資料庫在2021年以前的數據，因此當問到較新的知識或科技或議題，對ChatGPT聊天機器人或許

就不具備回答的能力。現在我們可以透過WebChatGPT這個Chrome瀏覽器的外掛程式，就可以幫助ChatGPT從Google搜尋到即時數據內容，然後根據搜尋結果整理出最後的回答結果。也就是說，使用WebChatGPT可以讓你有更多選項可以客製化ChatGPT想要的結果。

至於如何在你的Chrome瀏覽器安裝WebChatGPT外掛程式，首先可以在Google搜尋引擎輸入「如何安裝WebChatGPT」，就可以找到「WebChatGPT：可連上網訪問互聯網的ChatGPT」網頁，如下圖所示：

請用滑鼠點選該連結，連上該網頁，接著按下圖中的「加到Chrome」鈕：

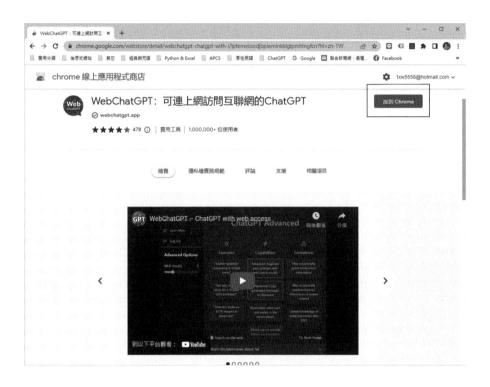

出現下圖視窗詢問是否要新增「WebChatGPT：可連上網訪問互聯網的ChatGPT」這項外掛程式的擴充功能：

　　只要直接按上圖的「新增擴充功能」鈕，就可以將「WebChatGPT：可連上網訪問互聯網的ChatGPT」加入到Chrome，完成外掛程式「WebChatGPT」的安裝工作。如下圖所示：

　　接著我們就以詢問同一個問題的實例，來說明在還沒安裝WebChatGPT外掛程式ChatGPT的回答內容及安裝了WebChatGPT外掛程式ChatGPT的回答內容，兩者之間的差別，提問同一個問題：「請說明2022年新冠疫情」。

　　下圖是未安裝WebChatGPT前的ChatGPT回答內容，各位可以注意到ChatGPT的資訊來源來自2021年以前，因此它無法回答2022年新冠疫情。

請說明2022年新冠疫情

 抱歉，我無法提供有關2022年的新冠疫情資訊，因為我的知識截至於2021年9月，而且我無法提供特定日期之後發生的事件的詳細資料。新冠疫情是一個持續發展的全球議題，疫情情況會隨時間不斷變化。建議您參考可靠的新聞來源、衛生組織或當地政府機構的資訊，以獲取有關2022年新冠疫情的最新資訊。

　　但是安裝WebChatGPT後的ChatGPT回答內容，就會先列出網頁的搜尋結果，再根據所取得的網頁知識，整理出更符合期待且資訊較新的回答內容。如下圖所示

 根據提供的網絡搜索結果，以下是2022年新冠疫情的相關訊息：

2022年的新冠疫情仍然持續全球蔓延。根據中央流行疫情指揮中心的公告，他們表示國內外的疫情趨緩，如果疫情穩定，自2023年3月20日起，將調整「嚴重特殊傳染性肺炎」的疾病通報定義。從該日起，符合COVID-19併發症（中重症）條件的民眾需要通報並進行隔離治療，而輕症或無症狀的民眾如檢驗結果呈陽性，則不需要通報[1]。

此外，衛生單位於2022年3月1日開始實施了第十一輪家用抗原快篩試劑實名制，民眾可以使用健保卡購買。對於0-6歲的學齡前幼兒和65歲以上的長者，則提供免費家用抗原快篩試劑，該項服務計劃到2022年2月28日結束，符合資格但尚未領取的民眾請盡快使用健保卡領取[2]。

政府強調，進一步優化調整防控措施不是為了放鬆防控，更不是放開或躺平，而是為了應對新冠病毒變異的新特點和疫情防控的新形勢，堅持既定的防控策略和方針，進一步提升防控的科學性和精準性，以最大程度保護人民的生命安全和身體健康[3]。

請注意，我提供的資訊僅基於網絡搜索結果，建議參考可靠的衛生組織或政府機構的官方資訊以獲取關於2022年新冠疫情的最新和正確資訊。

也就是說這個Chrome外掛程式會將所搜尋到的網頁查詢結果，結合了ChatGPT與Google搜尋，就能突破ChatGPT只能整理學習2021年以前資料的限制。

各位應該注意到，當你安裝完WebChatGPT，請打開你的ChatGPT平台，會發現對話框下已經出現了「Web Access」，以及「Any Time」「Any Region」等多個選項，這些選項的意義分別告知ChatGPT聊天機器人要從多少個網頁搜尋結果來作答、所設定的時間及地區範圍為何？

如果要暫時關閉這個擴充功能或移除這個外掛程式，可以在Chrome功能選單中執行「更多工具/擴充功能」指令進入下圖頁面，就可以暫時關閉或移除這個擴充功能。如下圖所示：

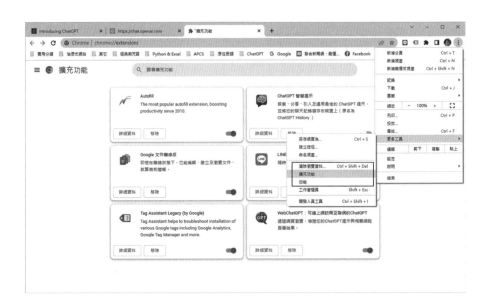

12-3-2 智慧提示：ChatGPT Prompt Genius

ChatGPT Prompt Genius是一款Google Chrome的擴充程式，以下是ChatGPT Prompt Genius的功能介紹：

● 同步聊天歷史：該擴充程式可以將聊天歷史本地同步，以便輕鬆訪問和搜尋。

● 儲存聊天記錄：使用者可以將聊天記錄保存為Markdown、HTML、PDF或PNG格式。其中Markdown是一種輕量級標記式語言，它允許人們使用易讀易寫的純文字格式編寫文件，然後轉換成有效的XHTML文件。

● 自訂ChatGPT：使用者可以根據需要自行定義ChatGPT的設置和外觀。

● 建立更好的提示：這個擴充程式可以幫助使用者生成更好的提示，從而讓ChatGPT生成更優質的回答。

ChatGPT Prompt Genius提供的功能有助於增強ChatGPT的使用體驗，提高模型生成回答的質量。該擴充程式可以方便地儲存和搜尋聊天歷史，並提供了自訂和生成提示的功能，讓使用者更加靈活地使用ChatGPT。首先請在「chrome線上應用程式商店」輸入關鍵字「ChatGPT Prompt Genius」，接著點選「ChatGPT智慧提示」擴充功能：

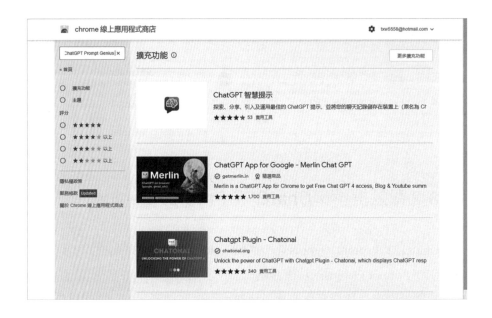

當安裝了這個外掛程式之後，在ChatGPT的提問環境的左側就會看到「Share & Export」功能，按下該功能表單後，可以看到四項指令，分別為「下載PDF」、「下載PNG」、「匯出md」、「Share Link」，如下圖所示：

其中「下載PDF」指令可以將回答內容儲存成PDF文件。其中「下載PNG」指令可以將回答內容儲存成PNG圖片格式保存。如果想要分享連結，則可以執行「分享連結」指令。

12-3-3 YouTube摘要：YouTube Summary with ChatGPT

「YouTube Summary with ChatGPT」是一個免費的Chrome擴充功能，可讓您透過ChatGPT AI技術快速觀看的YouTube影片的摘要內容，有了這項擴充功能，能節省觀看影片的大量時間，加速學習。另外，您可以透過在YouTube上瀏覽影片時，點擊影片縮圖上的摘要按鈕，來快速查看影片摘要。首先請各位先在Chrome瀏覽器的功能選單中執行「更多工具/擴充功能」指令進入如下圖的「擴充功能」頁面，接著就可以如下圖指示位置開啟Chrome線上應用程式商店：

接著請在「chrome線上應用程式商店」中輸入關鍵字「YouTube Summary with ChatGPT」，接著點選「YouTube & Article Summary powered by ChatGPT」擴充功能：

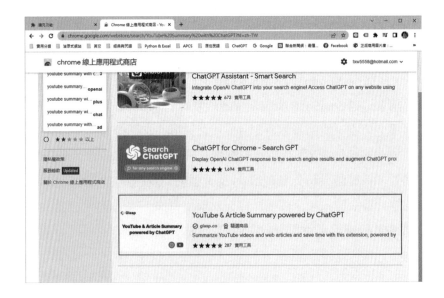

接著會出現下圖畫面，請按下「加到Chrome」鈕：

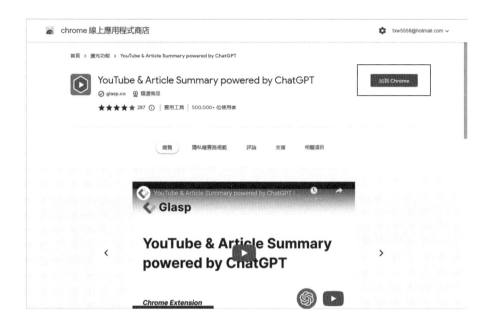

出現下圖視窗後，再按「新增擴充功能」鈕：

完成安裝後，各位可以先看一下有關「YouTube Summary with ChatGPT」擴充功能的影片介紹，就可以大概知道這個外掛程式的主要功能及使用方式：

CHAPTER

12

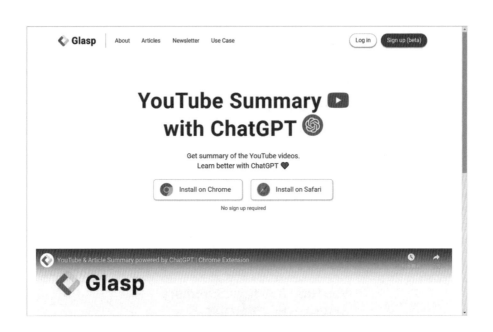

我們可以將這項擴充功能固定在瀏覽器的工具列上，請先點擊「擴充功能」鈕，接著在要固定在書籤列的擴充功能的右側按下「固定」鈕，就可以將該擴充功能的圖示鈕固定在書籤列上。如以下的操作步驟：

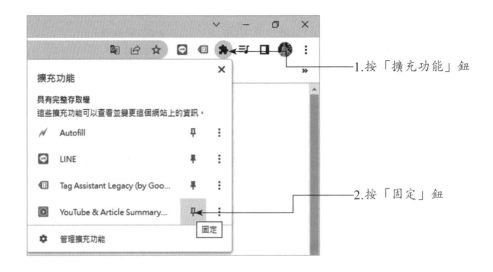

CHAPTER

12

已將這個擴充功能
固定在書籤列了

接著就以實際例子來示範如何利用這項外掛程式的功能,首先請連上
YouTube觀看想要快速摘要了解的影片,接著按「YouTube Summary with
ChatGPT」擴充功能右方的展開鈕:

就可以看到這支影片的摘要說明,如下圖所示:
https://www.youtube.com/watch?v=36qdXgYizfs

　　在上圖中各位可以看到一個工具列 🔵 ◇ 🗍，由左到右的功能分別為「View AI Summary」、「Jump to Current Time」、「Copy Transcript（Plain Text）」三項功能。其中「View AI Summary」鈕會啟動ChagGPT來查看該影片的摘要功能，如下圖所示：

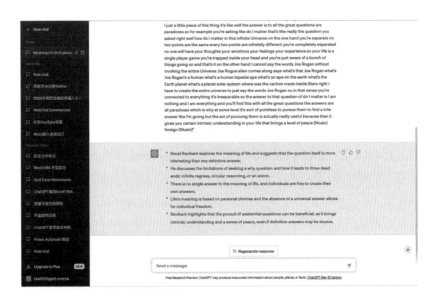

其中「Jump to Current Time」」鈕則會直接跳到目前影片播放位置的摘要文字說明，如下圖所示：

當您點擊「Copy Transcript（Plain Text）」按鈕時，將會複製摘要說明的純文字檔。您可以根據自己的需求，將其貼上到指定的文字編輯器中，進行進一步應用。下圖顯示了將摘要文字內容貼到Word文書處理軟體的畫面：

　　其實YouTube Summary with ChatGPT這款擴充功能，它的原理就是將YouTube影片字幕提供給ChatGPT，再根據這個字幕的文字內容，快速摘要出這支影片的主要重點。

12-3-4 摘要生成魔法師：Summarize

　　Summarize這個AI助手可以即時為文章和文字提供摘要。我們的AI摘要技術（由ChatGPT提供支持）經過訓練，可以提供全面且高質量的摘要，以實現極速和理解能力的最大化。使用Summarize擴充功能，只要透過滑鼠的點擊就可以取得頁面的主要思想，而且可以不用離開頁面，這些頁面的內容可以是閱讀新聞、文章、研究報告或是部落格。首先請在「chrome線上應用程式商店」輸入關鍵字「Summarize」，接著點選「Summarize」擴充功能：

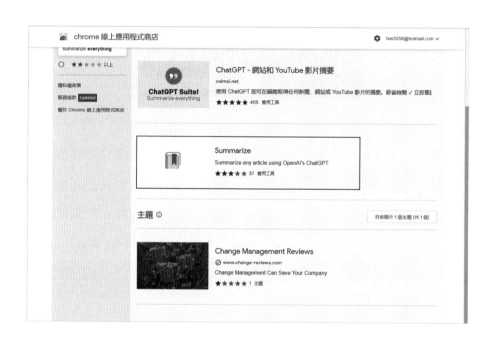

CHAPTER

12

接著會出現下圖畫面，請按下「加到Chrome」鈕：

接著請將這個外掛程式固定在瀏覽器的工具列上，當在工具列上按下　▢　圖示鈕啓動Summarize擴充功能時，如果還沒有登入ChatGPT，會被要求先行登入。當用戶登入ChatGPT之後，以後只要在所瀏覽的網頁按下　▢　圖示鈕啓動Summarize擴充功能時，這時候就會請求OpenAI ChatGPT的回應，之後就以快速透過Summarize這個AI助手立即摘要該網頁內容或部落格文章，如下圖所示：

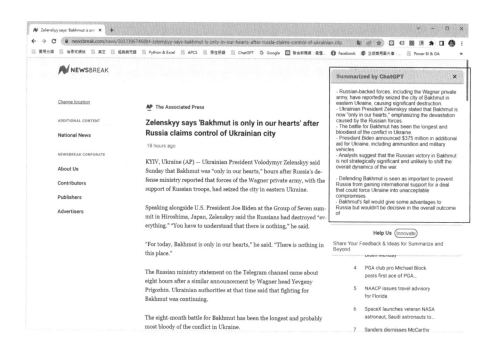

12-3-5 Google聊天助手：ChatGPT for Google

ChatGPT for Google是一個擴充功能的外掛程式，專為Google Chrome瀏覽器設計。ChatGPT for Google可以理解和處理自然語言，並提供相應的回應或處理建議。它可以幫助用戶解答問題、提供訊息、完成任務等。ChatGPT for Google能夠進行對話，理解上下文並根據先前的對話內容做出回應。這使得它在提供客戶服務、虛擬助手、問答系統等方面具有應用價值。它可以在您的瀏覽器上提供智慧的對話助手，幫助您在各種情境中快速獲得回答、解決問題或尋找資訊。無論您需要查詢網頁上的知識、尋找建議、提供摘要、進行翻譯或進行一般性對話。

此外，ChatGPT for Google還支援多種語言，ChatGPT for Google支持多種語言，能夠處理不同語言的對話和請求，從而滿足全球用戶的需

求。要安裝這個擴充功能，首先請開啓「chrome線上應用程式商店」，
並輸入關鍵字「ChatGPT for Google」進行搜尋，就可以找到該擴充功
能。

接著用滑鼠點選「ChatGPT for Google」擴充功能，在下圖中按「加
到Chrome」鈕就可以安裝Chrome外掛程式。

因為ChatGPT for Google支援多國語言，我們可以將語言修改設定為繁體中文，作法如下：

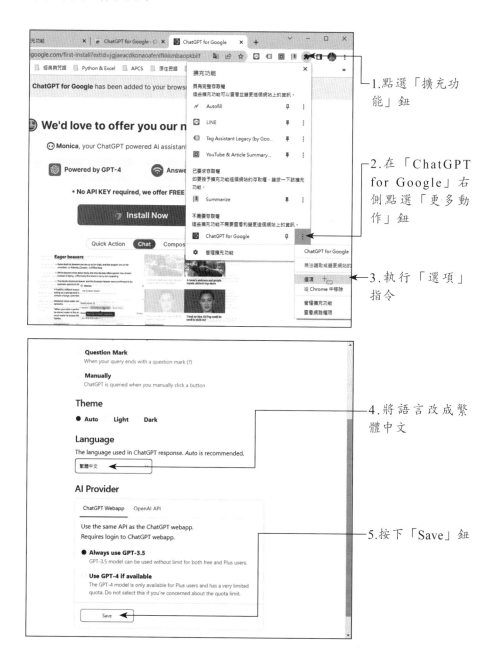

1.點選「擴充功能」鈕

2.在「ChatGPT for Google」右側點選「更多動作」鈕

3.執行「選項」指令

4.將語言改成繁體中文

5.按下「Save」鈕

接著各位只要在Google搜尋時，就可以在右側看到ChatGPT的回答，只是有點小遺憾，這個外掛程式有點像將ChatGPT置入搜尋頁面，他並不是從網頁中去搜尋最新的網頁資訊，因為回答內容仍受限於2021年以前的知識背景。

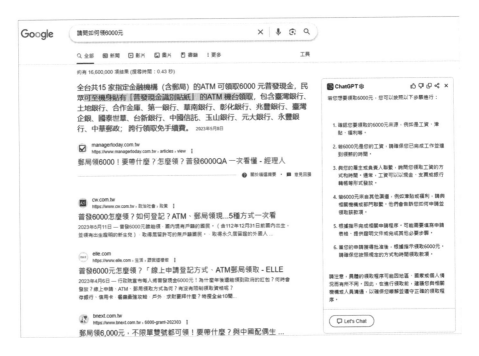

我們也可以直接在Google搜尋頁面右方的窗格來使用ChatGPT進行互動提問，只要按上圖中的「Let's Chat」鈕，就會出現下圖頁面，方便使用者直接和ChatGPT互動進行對話。

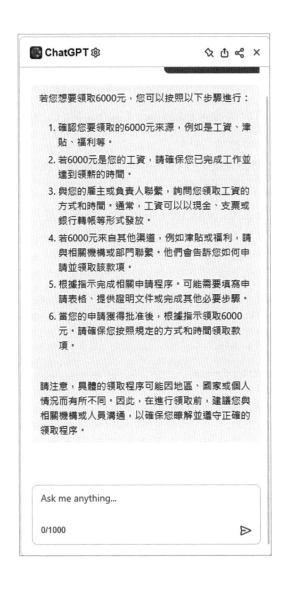

12-3-6 語音控制：Voice Control for ChatGPT

　　Voice Control for ChatGPT是一個Chrome擴充功能，主要功能在協助您透過語音與OpenAI的ChatGPT進行對話。這個擴充功能可用於提升您

的英文聽力和口說能力。它會在ChatGPT的提問框下方添加一個額外的按鈕，只需點擊該按鈕，擴充功能將錄製您的聲音並將您的問題提交給ChatGPT。

現在，我們將示範如何安裝Voice Control for ChatGPT並使用其基本功能。請按照以下步驟進行操作：

1. 首先，在Chrome瀏覽器的「Chrome線上應用程式商店」中輸入「Voice Control for ChatGPT」關鍵字。

2. 接著，選擇「Voice Control for ChatGPT」擴充功能，並點擊安裝。

3. 一旦安裝完成，您將看到下圖所示的畫面。請點擊「加到Chrome」按鈕：

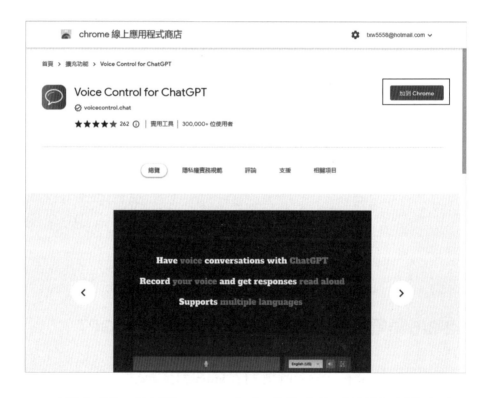

安裝完成後，請打開ChatGPT畫面。您將看到一個類似下圖的介面。

在這個介面上，如果您按下如下圖所示的「麥克風」按鈕，第一次使用時會要求您許可取用您電腦系統的「麥克風」設備，只要允許「Voice Control for ChatGPT」外掛程式取用，就進入語音輸入的環境：

接著只要「麥克風」鈕被按下後就會變成紅色，表示已等待對麥克風講話，例如筆者念了「what is GPT」，講完後，再按一次「麥克風」鈕，就會立即被辨識成文字，向ChatGPT提問。

　　而此時ChatGPT會同步將回答內容以所設定的語言念出，例如此處我們設定爲「English（US）」，就可以聽到純正的美式英語，這個過程的就是非常好的聽力練習的機會。

 what is GPT

 GPT, or "Generative Pre-trained Transformer," is a type of language model developed by OpenAI. It is based on the transformer architecture, which is a neural network model designed for natural language processing tasks. GPT models are trained on large amounts of text data to learn the statistical patterns and structures of language.

GPT models are capable of generating coherent and contextually relevant text based on given prompts or inputs. They are known for their ability to understand and generate human-like text, making them useful for tasks such as text completion, question answering, summarization, and more.

The GPT series, including models like GPT-2 and GPT-3, has garnered significant attention and achieved impressive results in generating high-quality text. These models have a wide range of applications in various domains, including research, content generation, virtual assistants, and language understanding tasks.

　　安裝了「Voice Control for ChatGPT」這個外掛程式的擴充功能，透過ChatGPT練習英文聽力與口說能力，相信各位的英語口說及聽力一定有大量練習的機會與進步。

12-3-7 閱讀助手：ReaderGPT

使用ReaderGPT擴充功能，可生成任何可讀網頁的摘要，這樣您將節省時間，並且再也不必費心閱讀冗長的內容，大幅提升看您的閱讀和研究效率。

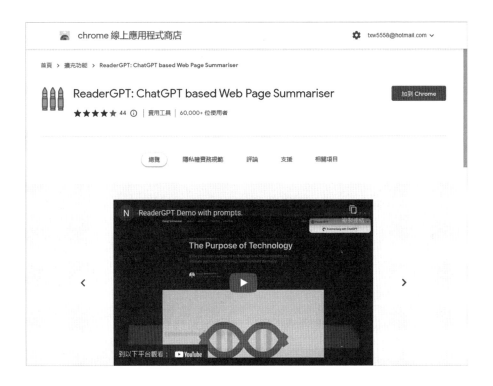

為了方便在進入網站後可以快速摘要，我們可以先將ReadGPT釘選在書籤列上：

　　開啟任何一個網頁，再用滑鼠按一下ReaderGPT圖示鈕，就可以快速
摘要總結網頁文章的內容，目前預設的回答內容是以英文回答：

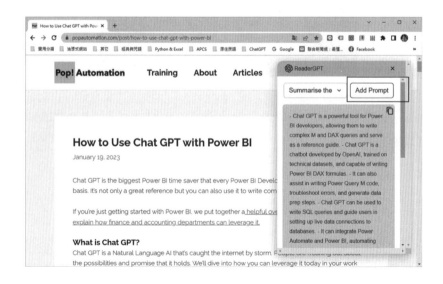

我們可以在上圖中按「Add Prompt」鈕並新增如下的提示（Prompt），
改成以繁體中文回答摘要：

完成新的Prompt之後，同一個網頁如果我們再按一次ReaderGPT圖示
鈕，就可以快速摘要總結網頁文章的內容，不過這次會改以繁體中文回
答，如下圖所示：

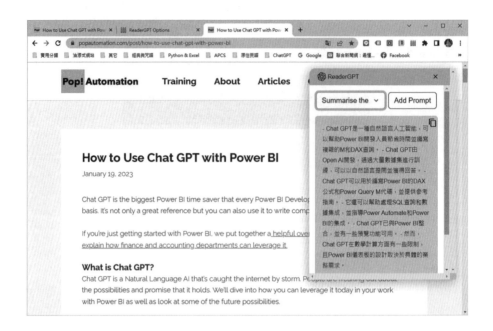

12-3-8 即時寫作利器：ChatGPT Writer

　　ChatGPT Writer外掛程式可以協助生成電子郵件和訊息，以方便我們可以更快更大量在Gmail快速回覆信件。請在「Chrome線上應用程式商店」找到「ChatGPT Writer」，並按「加到Chrome」鈕將這個擴充功能安裝進來，如下圖所示：

　　安裝完ChatGPT Writer擴充功能後，就可以在Gmail寫信時自動幫忙產出信件內容，例如我們在Gmail寫一封新郵件，接著只要在下方工具列

按「ChatGPT Writer」  圖示鈕，就可以啓動ChatGPT Writer來幫忙進行信件內容的撰寫，如下圖的標示位置：

請在下圖的輸入框中簡短描述你想寄的信件內容，接著再按下「Generate Email」鈕：

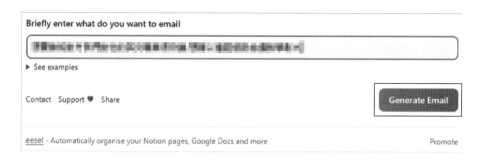

才幾秒鐘就馬上產生一封信件內容，如果想要將這個信件內容插入信件中，只要按下圖中的「Insert generated response」鈕：

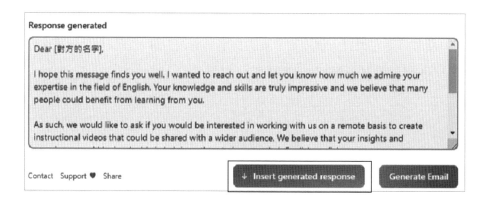

就會馬上在你的新信件加入回信的內容，你只要填上主旨、對方的名字、你的名字，確認信件內容無誤後，就可以按下「傳送」鈕將信件寄出。

12-3-9 全網站Chat助手：Merlin-ChatGPT Assistant for All Websites

Merlin-Chatgpt可在任何網站上Merlin ChatGPT可以讓您在所有喜愛的網站上使用OpenAI的ChatGPT，幫助您在Google搜尋、YouTube、Gmail、LinkedIn、Github和數百萬個其他網站上使用ChatGPT進行交流，而且是免費的。

首先請在「chrome線上應用程式商店」輸入關鍵字「Merlin」，接著點選「Merlin-ChatGPT Assistant for All Websites」擴充功能，會出現下圖畫面，請按下「加到Chrome」鈕：

接著只要在網頁上選取要了解的文字，並按右鍵，在快顯功能表中執行「Give Context to Merlin」指令：

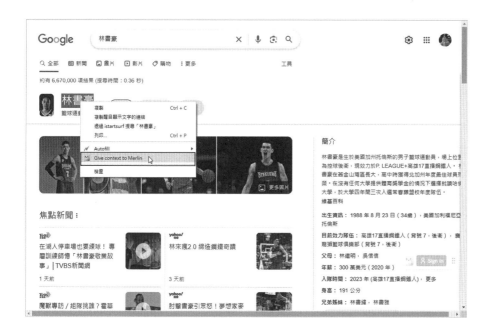

啓動Merlin擴充功能會被要求先行登入帳號

登入之後，接著就可以在對話視窗進行提問，如下圖所示：

12-3-10 提示範本大全：AIRPM for ChatGPT

AIPRM為ChatGPT新增了一系列經過精心編輯的提示範本，包括SEO、SaaS等，它是一種結合各種提示（Prompt）範本的外掛程式，這些範本可以一種快速簡便的方法來改善網站的搜尋引擎最佳化、行銷、銷售和支援等工作。請各位自行透過Chrome應用程式商店進行搜尋與安裝：

安裝完畢後，AIRPM for ChatGPT擴充功能會直接出現在ChatGPT的
主畫面中，會以各種分類的方式選擇Prompt主題，也可以直接搜尋。如
下圖所示：

各位可以直接點選Prompt模板，例如寫文章、SEO、關鍵字等，也可
以允許各位設定輸出的語言，如下圖所示：

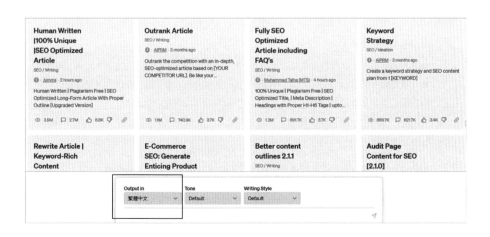

　　例如下圖爲「Human Written 100% Unique SEO Optimized Ariticle」
模板，我們輸入「網路行銷」的主題：

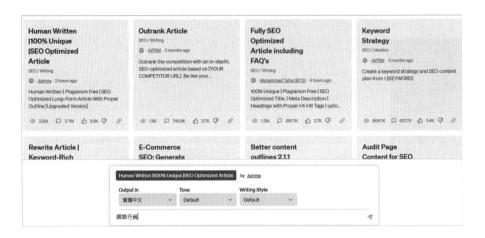

　　接著就會出現類似下圖文章內容：

大力提升業務——網路行銷

在今天快節奏的數位時代，企業持續尋找有效的策略來在線上宣傳他們的產品和服務。網路行銷，又稱為網路營銷或線上行銷，已成為一個強大的工具，能夠觸及更廣泛的受眾並推動業務成長。本文將深入探討網路行銷的各種好處、成功策略以及所面臨的挑戰。讓我們開始吧！

什麼是網路行銷？

網路行銷是指企業利用數位管道來宣傳他們的產品和服務的各種技巧和實踐。它包括各種活動，如搜尋引擎優化（SEO）、社群媒體行銷、內容行銷、電子郵件行銷等。網路行銷的最終目標是在線上吸引和參與潛在客戶，從而推動轉化並促進收入增長。

網路行銷在今天數位世界的重要性

在當今的數位時代，大多數人依賴網路獲取資訊和進行線上購物。因此，網路行銷在確保企業的成功和增長方面扮演著關鍵角色。以下是網路行銷的重要性的幾個關鍵原因：

提高曝光度和覆蓋範圍：通過網路行銷，企業可以顯著擴大他們的覆蓋範圍和曝光度。隨著全球數十億人使用網路，這為企業提供了一個無與倫比的平台，能夠與潛在客戶在地理界限之外建立聯繫。

我們再以另外一個模板示範，下圖是「Outline For Blog Article 2.0」模板，當我們輸入「走路有益健康」主題後，ChatGPT就會產生具結構性的Blog（部落格）大綱。如以下二圖所示：

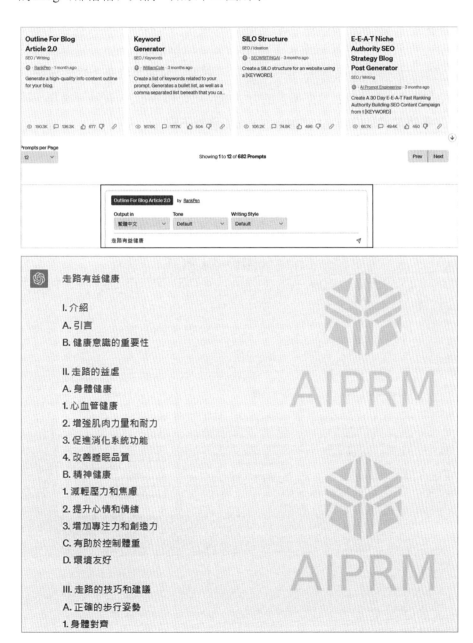

12-3-11 便捷外部資源：實用的第三方網站

另外還有一些第三方網站提供一些實用的功能，例如ChatPDF（https://www.chatpdf.com）可以協助各位從PDF文件中快速整理要點及過濾重要資訊。又如ChatExcel（https://www.chatpdf.com）可以幫助各位透過對話的方式來操空您的Excel表格，它可以讓使用者先上傳要處理的Excel檔案，再透過對話框輸入的方式就可以對Excel工作表進行操作，操作完畢後還可以處理完成的Excel工作表進行下載。

ChatPDF官網https://www.chatpdf.com

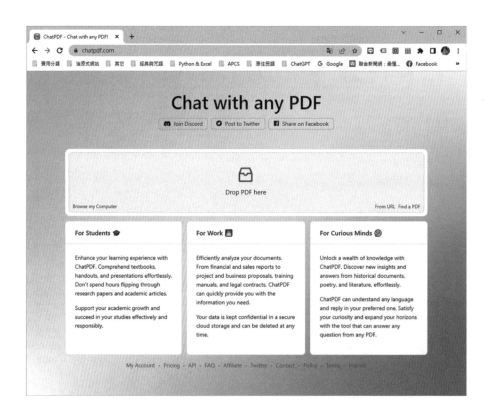

ChatExcel官網https://www.chatexcel.com

　　透過本章的學習，讀者可以了解如何使用外掛功能來擴充ChatGPT的功能，這些知識和技巧可以幫助讀者更好地應用ChatGPT，並為他們的應用程式添加更多有用的功能。我們希望本章能夠對讀者有所幫助，讓這些外掛程式能夠更好地應用ChatGPT，提供各位更實用的ChatGPT真實體驗。

## 第十三章

ChatGPT 與 Office 軟體結合

在這一章中，我們將重點討論ChatGPT與Office軟體的結合。Office軟體，如Microsoft Office，提供了強大的辦公工具，包括文字處理、試算表製作、簡報製作等功能。將ChatGPT結合進這些工具，可以大幅提升他們的效能和便利性。我們將從Office應用的概述開始，然後介紹如何使用ChatGPT優化Office應用，並以具體的應用範例來呈現ChatGPT在不同Office應用中的實際價值。

13-1 Office應用概述

在這一小節中，我們將對Office應用進行概述。我們將首先介紹Office軟體的基本功能與使用情境，以及其在日常辦公與學術研究中的重要角色。

13-1-1 Office軟體的基本功能

Microsoft Office是一個由微軟公司開發的辦公套件，廣泛應用於全球的商業、學術和政府機構中。它提供一系列專業的應用軟體，包括文字處理軟體Word、表格處理軟體Excel、簡報製作軟體PowerPoint，以及郵件管理軟體Outlook等。這些軟體滿足人們在日常工作和學習中的各種需

求。

● Word：Word是一款極其強大的文字處理軟體，用於撰寫、編輯、排版和打印文件。它支援多種格式的文檔，並提供了許多高級功能，如跨檔案內容查詢、拼字及文法檢查、文字排版等，可以幫助用戶進行高效的文字工作。

提示詞（**Prompt**）：

　　請以繁體中文台灣用語簡介Word的功能。

ChatGPT回答畫面：

Microsoft Word 簡介：

Microsoft Word，簡稱「Word」，是一套由微軟公司所推出的文書處理軟體，屬於 Microsoft Office 的一部分。自從上市以來，它已成為最受歡迎的文書處理工具之一。以下簡述 Word 的主要功能：

1. **基本文書編輯**：使用者可以輕易打字、刪除、複製、貼上和格式化文本。
2. **排版與設計**：提供多種字型、段落間距、列表、對齊方式等排版工具，使文書更加專業和統一。
3. **插入元素**：能插入圖片、表格、圖表、超連結、頁首頁尾、頁碼等各種元素。
4. **樣式與模板**：有多種預設的樣式和模板，幫助使用者快速設計專業文件，如履歷表、報告等。
5. **拼字和文法檢查**：自動檢查文檔中的拼字和文法錯誤，並提供修改建議。
6. **共同協作**：透過雲端功能，允許多人同時編輯同一文件，並即時看到其他人的更改。
7. **儲存與匯出**：除了儲存為 Word 格式外，還可以儲存或匯出為 PDF、HTML 等格式。
8. **巨集與自動化**：允許使用者錄製或編寫巨集，以自動完成重複的任務。

這只是 Word 功能的冰山一角。隨著版本的升級，微軟持續為 Word 加入新的功能和工具，使其更加強大且易於使用。

● Excel：Excel是一款專業的表格處理軟體，它能夠進行複雜的資料分析和數學計算。Excel提供的公式和函數功能極為強大，能夠處理各種數學、統計和金融計算，而其樞紐分析表功能更讓資料分析更為便利。

提示詞（**Prompt**）：

　　請以繁體中文台灣用語簡介Excel的功能。

ChatGPT回答畫面：

Microsoft Excel 簡介：

Microsoft Excel，簡稱「Excel」，是微軟公司推出的一款電子試算表軟體，也是 Microsoft Office 套件中的一部分。Excel 不僅是一個普通的試算表工具，還具有強大的數據分析和視覺呈現功能。以下簡述 Excel 的主要功能：

1. **試算表編輯**：提供格子式的工作表，允許使用者輸入數據、文字和公式。
2. **公式與函數**：內建多種數學、財務、日期、邏輯等函數，方便使用者進行計算。
3. **數據分析**：具備排序、篩選、樞紐分析表等功能，協助使用者分析大量數據。
4. **資料視覺化**：能快速製作各式圖表，如柱狀圖、曲線圖、圓餅圖等，使數據更易於理解。
5. **條件格式**：根據預定條件自動更改單元格的格式，使重要的資料更加醒目。
6. **資料驗證**：設定特定輸入規則，避免使用者輸入無效數據。
7. **巨集與 VBA 編程**：允許使用者錄製或編寫巨集，進行自動化操作和客製化功能。
8. **共同協作**：透過雲端功能，允許多人同時編輯同一工作表，並即時看到其他人的更改。
9. **資料匯入/匯出**：支援多種資料格式，如 CSV、XML、SQL 資料庫等，方便資料的導入和導出。

Excel 是一款十分強大的工具，廣泛應用於商業分析、學術研究、數據管理等領域，不同的版本和更新中，微軟持續增強其功能，讓它更為實用和高效。

● PowerPoint：PowerPoint是一款簡報製作軟體，提供了各種範本、圖形和動畫效果，讓用戶能夠製作出吸引人的簡報。它也支援多媒體內容，包括圖像、影片和聲音，讓簡報更具活力。

## CHAPTER 13

提示詞（**Prompt**）：

請以繁體中文台灣用語簡介PowerPoint的功能。

ChatGPT回答畫面：

Microsoft PowerPoint 簡介：

Microsoft PowerPoint，通常簡稱「PowerPoint」或「PPT」，是微軟公司推出的一款簡報軟體，也是 Microsoft Office 套件中的一部分。PowerPoint 讓使用者能製作視覺化的簡報幻燈片，廣泛應用於商業報告、教學、研討會、產品展示等場合。以下簡述 PowerPoint 的主要功能：

1. **幻燈片編輯**：提供多種版面與設計模板，讓使用者輕鬆設計幻燈片的內容與版面。
2. **動畫效果**：能為文字、圖片或其他元素添加入場、重點強調和退出等動畫效果。
3. **切換效果**：設定不同幻燈片之間的轉場效果，增加簡報的動感。
4. **插入多媒體**：支援插入圖片、音頻、視頻、圖表、SmartArt 圖形等多種元素。
5. **主題與設計**：提供多種預設的主題與背景，快速改變簡報的整體風格。
6. **放映模式**：全螢幕展示幻燈片，適用於正式簡報場合。
7. **備忘稿與講義**：為講者提供講解時的參考內容，或為觀眾提供列印的資料。
8. **共同協作**：透過雲端功能，允許多人同時編輯同一簡報，並即時看到其他人的更改。
9. **互動功能**：透過超連結或動作按鈕，增加簡報的互動性。
10. **巨集與VBA編程**：讓進階使用者能夠客製化簡報功能，實現自動化操作。

PowerPoint 是一款功能豐富、使用方便的簡報工具，適合各種層級的使用者，不同版本和更新中，微軟不斷增進其特色和性能，使其更為專業和多元化。

● Outlook：Outlook是一款集成了郵件、日曆、聯絡人和任務等功能的資訊管理軟體。它讓用戶可以在一個平台上管理所有的工作資訊，提高了效率。

提示詞（**Prompt**）：

請以繁體中文台灣用語簡介Outlook的功能。

ChatGPT回答畫面：

Microsoft Outlook 功能簡介：

Outlook 是微軟公司所推出的個人資訊管理軟體，主要被用於電子郵件的收發，但其功能遠超過於此。以下是 Outlook 的主要功能特色：

1. **電子郵件管理**：接收、發送、編輯及組織郵件。支援多個郵件帳戶，如 Exchange、Gmail、Yahoo! Mail 等。
2. **行事曆功能**：建立、編輯及查看活動、會議或約會。還可以設定提醒或與其他使用者共享。
3. **任務和待辦事項**：可以列出日常的任務或待辦事項，並設定截止日期和提醒。
4. **聯絡人管理**：存儲和組織聯絡人的資訊，如姓名、地址、電話號碼等。
5. **筆記功能**：隨手記下資訊或要點，以供日後參考。
6. **搜尋功能**：強大的搜尋工具幫助你快速找到郵件、聯絡人、任務或筆記。
7. **郵件規則和提醒**：自動對郵件進行分類、搬移、標記等動作。也可以設定特定的提醒通知。
8. **垃圾郵件過濾**：自動將垃圾郵件移至「垃圾郵件」資料夾，保護你免受垃圾訊息的騷擾。
9. **整合 Office 應用程式**：無縫整合 Word、Excel 和 PowerPoint，使郵件編輯和資料附件更加方便。
10. **雲端整合**：與 OneDrive 或 SharePoint 進行整合，方便郵件中附件的儲存和分享。

Outlook 提供一個集中、有效率的工作環境，無論是在辦公室或在外，你都可以保持與他人的聯繫，並高效地管理你的日常工作和資訊。

13-1-2 Office軟體的使用情境

　　Office軟體的使用情境非常廣泛。在商業領域中，它被用於撰寫商業報告、製作營銷策略簡報、分析銷售資料等。在學術領域中，研究者使用它來寫學術論文、整理研究資料、做實驗報告等。在教育領域中，老師使用Office製作課程材料，學生則用它來完成報告和作業。甚至在個人生活中，我們也會用到Office，例如使用Word寫信或寫日記，使用Excel記帳或做家庭預算規劃等。Office軟體的強大功能和使用便利性，讓它在各個領域都成為了必不可少的工具。

CHAPTER

13

13-1-3 Office在日常辦公與學術研究中的重要角色

在日常辦公中，Office扮演了極為重要的角色。無論是撰寫工作報告、統計業績資料，還是製作業務簡報，都離不開Office的幫助。Word提供的高效文書處理功能，讓員工可以快速地完成文件的撰寫和編輯；Excel則提供了強大的資料處理和分析功能，讓員工可以方便地處理大量的資料；PowerPoint讓員工可以輕鬆地製作出具有視覺效果的簡報；而Outlook則讓員工能夠有效地管理工作資訊。

在學術研究中，Office也發揮了關鍵作用。研究者使用Word撰寫和排版研究論文，使用Excel處理和分析實驗資料，使用PowerPoint製作學術簡報。Office不僅提供了必要的功能，更透過其易用性和效率，大幅提升了研究者的工作效率。

提示詞（Prompt）：

請以繁體中文台灣用語回答論文的版面規範細節。

ChatGPT回答畫面：

當提到「論文的版面規範細節」，這通常涉及論文格式、排版和結構的一系列規範。論文的版面規範會根據不同的學術機構或期刊而有所不同，但以下是一般常見的規範：

1. **字型與字體大小**：常用的字型包含Times New Roman或新細明體，字體大小多在12點。
2. **行距**：一般採雙行距，但參考文獻、表格、圖片說明可能使用單行距。
3. **邊界**：通常，上下左右邊界都設定為2.54公分(1英吋)。
4. **頁碼**：根據學校或期刊的要求，可能放置在頁面的中上方、中下方或右上角。
5. **標題**：大標題常使用粗體，並根據標題層次選擇不同的字型大小。
6. **段落與縮排**：新段落常常使用首行縮排，縮排的距離約為0.5公分。
7. **圖表與插圖**：需要清晰、大小適中，且需附上圖表標題和出處。
8. **參考文獻格式**：依學術領域和期刊的要求，可能選擇APA、MLA、Chicago等格式。
9. **頁眉和頁腳**：有的論文需要在頁眉中加入論文標題或章節名稱，頁腳則放置頁碼。
10. **章節和小節**：論文章節應清晰劃分，並使用不同層次的標題格式。
11. **摘要**：大部分的論文都需要摘要，簡述研究的目的、方法、結果和結論。
12. **關鍵字**：摘要後方通常列出4-6個關鍵字，幫助讀者和學術搜尋引擎定位研究主題。

以上只是一般常見的論文版面規範細節。實際的規範可能因為學術機構、學系或期刊的具體要求而有所不同。當你準備撰寫論文時，建議查詢並遵循相關單位提供的論文撰寫指南或範例。

　　總之，無論是在辦公還是在學術研究中，Office提供的功能和效率，都扮演了不可或缺的角色。

13-2 使用ChatGPT優化Office應用

　　進入這一小節，我們將深入討論如何利用ChatGPT來優化Office應用。我們將透過實例，教導讀者如何結合ChatGPT與Office軟體，包括文書處理Word、資料試算Excel和簡報軟體PowerPoint等。

13-2-1 利用ChatGPT優化Word的應用

　　Microsoft Word是我們日常工作與學術研究中最常用的文字處理工具，而ChatGPT則能提供強大的自然語言處理能力，二者的結合必將為我們帶來更高效和智慧化的體驗。

● 自動撰寫與編輯：利用ChatGPT的自然語言生成能力，我們可以開發出自動撰寫或編輯文章的外掛。例如，使用者可以輸入文章的主題和大綱，ChatGPT就能根據這些資訊生成一篇初稿。對於編輯工作，ChatGPT也可以透過語意理解和語法修正的功能，幫助使用者進行校正和改寫。

提示詞（**Prompt**）：

　　請幫我寫開頭引言及各小節的引言

　　第一課：揭開提示工程師的神秘面紗

　　1-1 勇闖提示工程師領域：定義與職責

　　1-2 成為優秀提示工程師的技能與素質

　　1-3 職業發展與前景展望

ChatGPT回答畫面：

開頭引言：

在資訊科技迅速發展的時代，有些專業領域像是悄悄地站在幕後，默默地支撐著各大產業的發展。其中，「提示工程師」這職稱或許在大眾耳中仍是陌生，但實際上，他們在許多技術發展中都扮演著不可或缺的角色。此次的課程，我們將深入探討這個專業，為你揭開提示工程師的神秘面紗。

1-1 勇闖提示工程師領域：定義與職責

進入新的領域總是充滿好奇與期待，對於許多人而言，「提示工程師」這名稱可能還帶著許多疑問。在這小節，我們首先會解釋提示工程師的定義，並探討他們日常的職責與重要性。

1-2 成為優秀提示工程師的技能與素質

不同於一般的工程師，提示工程師除了專業技術外，還需要具備哪些特殊的技能和素質呢？在這部分，我們將深入探索這個專業所需的技能集，以及成為一名出色提示工程師所必須的特質。

1-3 職業發展與前景展望

當你對一個職業產生興趣，接下來自然會好奇這條職業道路能帶領你走向何方。這一小節，我們會探索提示工程師的職業發展可能性，並展望其未來在業界的地位與機會。

● 內容概要生成：對於一篇長篇文章，我們可能需要快速了解其主要內容。在這種情況下，我們可以使用ChatGPT來自動生成文章的概要或摘要。

提示詞（Prompt）：

請幫我撰寫提示工程師職業發展與前景展望的短文。

CHAPTER

13

ChatGPT回答畫面：

 提示工程師的職業發展與前景展望

隨著資訊科技與軟體產業的持續成長，提示工程師這一專業領域的重要性日益受到業界的重視。這份職業，雖然起初在大眾眼中是個相對低調的角色，但實際上，他們在軟體開發與使用者體驗中扮演著關鍵的角色。

首先，隨著各式軟體應用與平台的多元化，用戶界面與使用者體驗越來越受到重視。提示工程師不僅要確保各式提示資訊的正確性，還要兼顧資訊的即時性與易讀性，以確保使用者在使用軟體時能夠順利而無障礙地進行操作。

在職業發展方面，提示工程師有多個方向可供選擇。他們可以選擇深耕在特定的軟體領域，成為某一特定應用的專家；或者進一步加強技術背景，轉向系統架構或是專案管理的角色。除此之外，隨著大數據與機器學習技術的興起，提示工程師亦可以進行跨領域學習，結合數據分析技能，幫助優化使用者體驗或參與數據驅動的軟體開發。

至於前景展望，隨著物聯網、人工智慧等新科技的蓬勃發展，軟體將無所不在。在這樣的大環境下，提示工程師將持續在軟體設計與開發中扮演不可或缺的角色。他們的專業知識與技能不僅能確保軟體的質量，更能夠提升使用者對於軟體的信賴度與滿意度。

總之，提示工程師在未來仍將是資訊產業中的一個重要棋子，其職業前景與發展潛力都相當看好。對於有志於從事此領域的人士，現在正是投身此行的好時機。

● 寫作建議：在寫作過程中，我們可能會遇到寫作困難或者不確定某個句子是否通順。ChatGPT可以提供寫作建議，幫助我們解決這些問題。

提示詞（**Prompt**）：
請針對以下內容精鍊並全部重新改寫。

　　PowerBI是由微軟開發的商業智慧工具，主要的功能在幫助使用者輕鬆地從各種資料來源中提取、整合和分析資料，並透過直觀的視覺化方式呈現，讓使用者更好地理解資料和發現趨勢。其靈活且強大的功能使得PowerBI成為企業和組織中常用的資料分析工具，讓使用者能夠快速識別重要的資訊和洞見，從而做出更明智的決策。

ChatGPT回答畫面：

 微軟的PowerBI是一項商業智慧工具，專為從多種資料來源提取、整合及分析資料而設計。透過清晰的視覺化，它讓用戶輕易掌握資料趨勢，進而做出精明的決策。由於其靈活且優越的特性，PowerBI已被眾多企業和組織廣泛採用。

13-2-2 利用ChatGPT優化Excel的應用

　　Excel是一個強大的電子表格軟體，廣泛應用於資料處理和分析。結合ChatGPT，我們可以進一步提升其功能和使用便利性。

● 資料分析：儘管Excel提供了豐富的公式和函數來進行資料分析，但對於一些不熟悉這些公式和函數的使用者來說，進行複雜的資料分析可能是困難的。在這種情況下，使用者只需要用自然語言描述他們想要進行的分析，ChatGPT就能夠理解其需求，並生成相應的公式或者函數。

提示詞（**Prompt**）：

　　請以實例示範Excel函數中數學及三角函數類別中的MMULT函數的用法。

ChatGPT回答畫面：

 `MMULT` 函數在 Excel 中是用來執行矩陣乘法。要使用 `MMULT`，你需要確保你要乘的兩個矩陣的內部維度是相符的。例如，如果你有一個 3x2 的矩陣 A 和一個 2x4 的矩陣 B，那麼 A 的列數（2）必須等於 B 的行數（2），結果會是一個 3x4 的矩陣。

以下是一個示範：

假設我們在 Excel 工作表中有以下的數據：

	A	B
1	1	2
2	3	4
3	5	6

	D	E	F	G
1	1	2	3	4
2	5	6	7	8

首先，我們將使用位於 A1:B3 的 3x2 矩陣和位於 D1:G2 的 2x4 矩陣。

1. 在工作表的空白區域，例如 H1:K3，選擇這個 3x4 的範圍。
2. 在選取的範圍內，輸入以下公式：

```excel
=MMULT(A1:B3, D1:G2)
```

1. 不要按 `Enter`！這是陣列公式，所以你需要按下 `Ctrl` + `Shift` + `Enter`。這樣 Excel 會知道你輸入的是陣列公式，並且在公式前後加上大括號 `{}`。
2. 你會在 H1:K3 範圍內看到結果，這是兩個矩陣的乘積。

● 資料視覺化：對於大量資料，視覺化是一種常見且有效的表達方式。然而，選擇和製作適合的圖表可能需要一些知識和技能。在這種情況下，ChatGPT可以根據使用者的需求，提供合適的資料視覺化圖表建議。

提示詞（**Prompt**）：

　　請以繁體中文台灣用語回答Excel支援哪些視覺化圖表類型。

ChatGPT回答畫面：

Excel 提供了多種視覺化圖表類型，幫助使用者將數據轉化為圖形化的呈現，這樣不僅使得資料更容易理解，也方便進行分析和報告。以下是 Excel 支援的主要圖表類型：

1. **柱狀圖**：用於比較各個項目的大小。常見的有垂直柱狀圖和水平柱狀圖。
2. **折線圖**：適合展現數據隨時間的變化趨勢。
3. **圓餅圖**：用於展示各項目佔總體的百分比。
4. **區域圖**：類似於折線圖，但會填充折線下方的區域，常用於顯示隨時間變化的數量。
5. **散點圖**：用於展示兩組數據之間的關係。
6. **氣泡圖**：基於散點圖，但每個點（或氣泡）的大小可以表示第三個數量變數。
7. **雷達圖/蜘蛛網圖**：用於比較多個變數的相對值。
8. **組合圖**：將兩種或更多類型的圖表組合在一起，例如柱狀圖和折線圖組合。
9. **瀑布圖**：適合展示數據值的累積效應。
10. **股票圖**：特別為股票市場數據而設計，包含開盤、收盤、最高和最低價。
11. **曲面圖和圓環圖**：曲面圖是三維的區域圖，而圓環圖是圓餅圖的變形，中間有一個空心。
12. **樹狀圖和日曬圖**：用於展示層次結構數據或部分之間的比例。

這些只是 Excel 中提供的主要圖表類型。使用者可以根據需要自訂這些圖表，改變顏色、樣式或其他設定，使其更加符合報告或分析的要求。

13-2-3 利用ChatGPT優化PowerPoint的應用

　　PowerPoint是一個常見的簡報製作工具。使用ChatGPT，我們可以讓簡報製作更為簡單和高效。

● 自動簡報生成：我們可以開發一個ChatGPT外掛，讓使用者只需要提供簡報的主題和大綱，ChatGPT就能自動生成一個完整的簡報。這大大節省了簡報製作的時間和努力。

● 自動設計建議：PowerPoint提供了許多設計工具和範本，但選擇適合的

設計可能需要一些設計經驗和眼光。在這種情況下，ChatGPT可以根據簡報的內容和主題，提供設計建議，例如建議使用哪種顏色方案或者字體，甚至可以自動選擇適合的範本。

透過上述的應用，我們可以看出ChatGPT能夠在許多方面優化我們的Office應用，以及它在提升我們的工作效率和便利性上的重要角色。

13-3 ChatGPT在不同Office應用中的應用範例

在最後一小節，我們將以多個具體的案例來示範ChatGPT如何提升Word的文字編輯能力、優化Excel的資料處理功能，以及增強PowerPoint的簡報製作效率。

13-3-1 Office在Word排版應用範例

為了更好地體驗ChatGPT在Word排版中的效能，我們來看一個具體的應用案例。假設我們需要撰寫一份關於「全球暖化」的報告，並希望用一個摘要來概述全文。在這裡，我們就能利用ChatGPT的文字生成和理解能力來自動產生這個摘要。

首先，我們將全文的大綱輸入到ChatGPT中，然後讓它產生一個初步的摘要。接著，我們可以利用ChatGPT的文字編輯能力來校對和修正這個摘要，確保其語意清晰且無語法錯誤。最後，我們將這個摘要插入到報告的開頭，就能完成整個撰寫過程。

此外，我們還可以利用ChatGPT來生成報告的各個小節。我們只需要將每個小節的主題和要點輸入到ChatGPT中，然後就能得到一個完整且結構清晰的小節內容。

提示詞（**Prompt**）：

　　我要撰寫一份關於「全球暖化」的報告，請協助生成報告的各個小節。

ChatGPT回答畫面：

1. **緒論**
   - 全球暖化的概述
   - 全球關注的原因
2. **原因探討**
   - 自然與人為因素
   - 溫室氣體排放的角色
3. **直接影響**
   - 海平面上升及氣候極端
   - 生態與經濟變動
4. **生物多樣性變化**
   - 物種滅絕與生態系統變遷
5. **因應策略**
   - 減碳方案
   - 國際合作
6. **未來展望**
   - 預期的氣候變遷
   - 持續的挑戰
7. **結論**
   - 全球暖化的緊迫性
   - 繼續研究與行動的呼籲
8. **參考資料**

這個簡化的大綱更專注於主要的議題，提供了一個清晰的結構，可助於您更快速地撰寫報告。

13-3-2 Office在Excel函數應用範例

　　在Excel的使用中，一個常見的問題是如何選擇和應用合適的公式或函數。假設我們有一個銷售資料表格，我們想要找出每個月的最高銷售額。然而，我們可能不清楚應該使用哪個公式或函數來實現這個目標。在這種情況下，我們就可以利用ChatGPT的自然語言處理能力。我們將我們的需求用自然語言描述，如「找出每個月的最高銷售額」，然後將這個描述輸入到ChatGPT中。ChatGPT將理解我們的需求，並生成對應的公式或函數，如「=MAX（range）」。我們只需要將這個公式應用到對應的資料範圍，就能得到我們想要的結果。

提示詞（**Prompt**）：

　　我如何在有一個銷售資料表格，用Excel函數找出每個月的最高銷售額。

ChatGPT回答畫面：

若你擁有一個銷售資料表格，且想要用 Excel 函數找出每個月的最高銷售額，可以利用 `MAXIFS` 函數來達成。以下為一個基本的步驟：

1. 首先，假設你的資料如下：
   - A列為日期。
   - B列為當日銷售額。
2. 要獲取每個月的最高銷售額，你可以使用 `MAXIFS` 函數配合 `MONTH` 函數。

   例如，若你想知道1月的最高銷售額：

```excel
=MAXIFS(B:B, MONTH(A:A), 1)
```

這表示：從B列中找出當A列的月份為1（代表1月）時的最大值。

1. 若你想要得知其他月份的最高銷售額，只需更改 `MONTH(A:A)` 後面的數字。例如，對於2月，你可以修改為：

```excel
=MAXIFS(B:B, MONTH(A:A), 2)
```

1. 將這個函數拖曳或複製至其他的儲存格，並修改月份的數值，以便得到其他月份的最高銷售額。

提醒：確保你的日期已經正確地格式化為 Excel 中的日期格式，這樣 `MONTH` 函數才能正確運作。

13-3-3 Office在PowerPoint簡報應用範例

PowerPoint的簡報製作過程通常需要大量的時間和精力。然而，利用 ChatGPT，我們可以大大提升這個過程的效率。

以一個企業年度總結報告為例。我們可以首先將報告的大綱和主題輸入到ChatGPT中。接著，ChatGPT將根據這些資訊生成一個初步的簡報大綱。

提示詞（Prompt）：

請以繁體中文台灣用語規劃「為什麼Python適合作為學習程式設計的入門語言」3小時研討會的簡報大綱。

ChatGPT回答畫面：

「為什麼Python適合作為學習程式設計的入門語言」研討會簡報大綱：

1. 開場與簡介 (15分鐘)

- 主持人開場與簡介
- 講者簡介
- 研討會目的與大綱預覽

2. 程式設計與程式語言基本概念 (15分鐘)

- 什麼是程式設計?
- 程式語言的發展概覽

3. Python 簡介 (15分鐘)

- Python的歷史背景
- Python在業界的應用範疇

4. Python 的特性與優勢 (45分鐘)

- 語法簡潔、易讀易懂
- 跨平台的特性
- 豐富的函式庫與社群支持
- 動態型別與垃圾回收
- 多種程式設計範式的支持(物件導向、程序式、功能式)

5. Python 與其他程式語言的比較 (30分鐘)

- 與 Java、C++、JavaScript 的對比
- 為什麼選擇 Python 作為入門語言
- 入門學習曲線的比較

6. 實際操作：Python 簡單示範 (30分鐘)

13-3-4 使用GPT 4及其外掛快速製作PowerPoint簡報

　　GPT 4為ChatGPT引入了新的外掛功能，讓我們能夠達到在GPT 3或3.5版本中無法實現的效果。透過「Smart Slides」外掛，您可以指示GPT根據其內建資料或您所提供的文章和PDF迅速產生PowerPoint簡報。

　　完成後，您可以直接下載並根據需求進行調整。值得注意的是，這項創新功能只在GPT 4版本中提供，想要使用此功能的用戶需要訂閱付費的ChatGPT Plus服務。

　　接下來，我們將展示如何利用GPT 4和其外掛迅速產生PowerPoint簡報的步驟：

1. 首先各位請先確認已是ChatGPT Plus的付費會員，接著請切換到「GPT-4」，並勾選「Plugins Beta」。

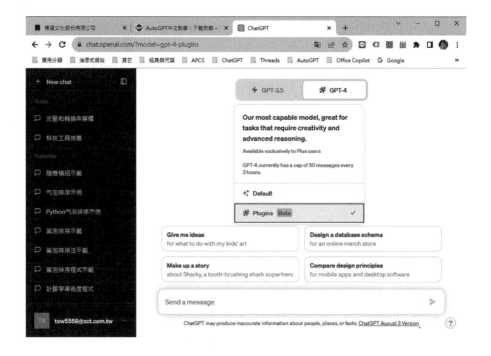

2.接點選「Plugin store」進入。

3.輸入關鍵字「smart slides」搜尋「Smart Slides」外掛程式,接著按「Install」鈕完成外掛程式的安裝。

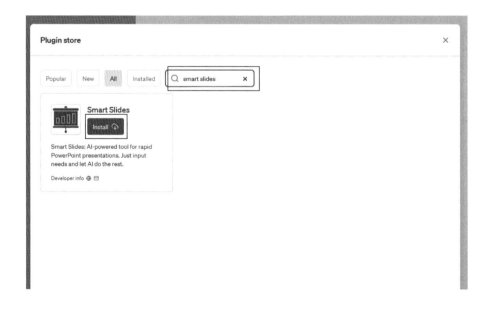

4. 你可以直接輸入電子郵件，再按「Request code」鈕取得認證碼，或是直接以Google帳號登入。

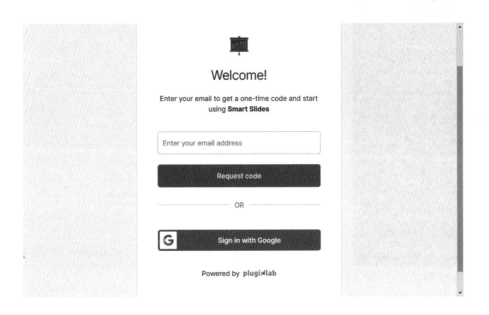

5. 完成上述動作後，會出現下圖畫面，請按下「Authorize」鈕。

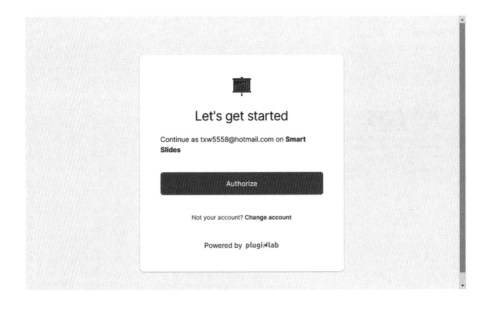

6.安裝好「Smart Slides」外掛程式後，要向GPT-4提問要求生成投影片，
　請先記得在GPT-4勾選「Smart Slides」外掛程式：

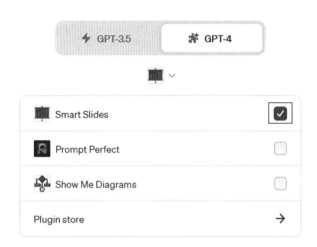

7.接著就可以開始向GPT-4下達提示詞，例如輸入以下的提示詞。

提示詞（**Prompt**）：

　　請協助生成有關情人節的5張投影片簡報。

　　接著就可以看到如下圖的回答畫面，只要用滑鼠按一下「點擊這
裡」就可以下載投影片。

ChatGPT回答畫面：

8. 下載完畢後，就可以開啓各位使用者預設的檔案下載資料夾，就可以看到已成功下載Smart Slides所生成的簡報檔。

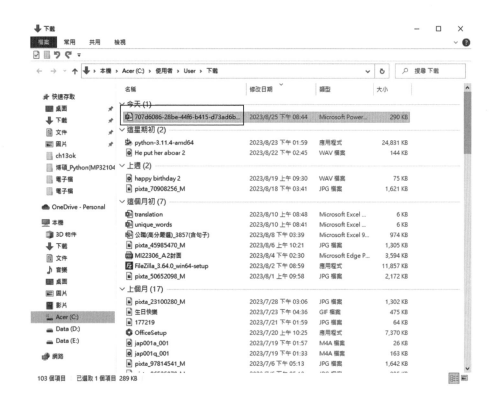

9. 接著只要點選該檔案就可以看到如下的投影片內容。

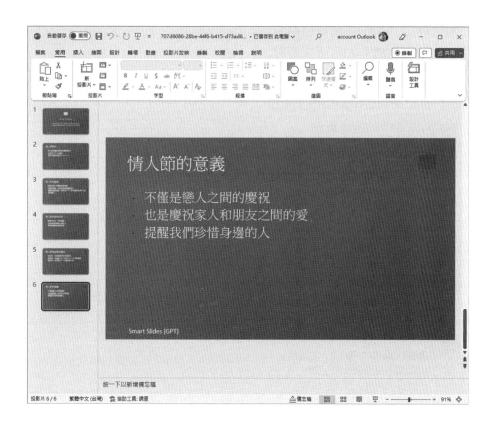

　　除了直接向GPT-4輸入要求針對特定主題製作投影片外，我們也可以自己提供已設計好的大網文字，請GPT-4要求Smart Slides快速製作投影片。我們接著來看下一個範例的操作：

提示詞（**Prompt**）：

> 請根據以下大綱快速製作投影片
> 第5章ChatGPT與AI（人工智慧）
> 5-1 AI概述與ChatGPT的關係
> 5-2 ChatGPT在AI應用中的角色
> 5-3 AI錄音中的應用範例
> 5-4 ChatGPT在AI繪圖中的應用範例
> 5-5 ChatGPT在AI影片中的應用範例
> 5-6 ChatGPT在AI音樂中的應用範例

　　接著就可以看到如下圖的回答畫面，只要用滑鼠按一下「點擊這裡」就可以下載投影片。

ChatGPT回答畫面：

請根據以下大綱快速製作投影片
第5章 ChatGPT與AI（人工智慧）
5-1AI概述與ChatGPT的關係
5-2ChatGPT在AI應用中的角色
5-3 AI錄音中的應用範例
5-4 ChatGPT在 AI繪圖中的應用範例
5-5 ChatGPT在 AI影片中的應用範例
5-6 ChatGPT在 AI音樂中的應用範例

Used Smart Slides

已為您根據提供的大綱製作了投影片簡報。您可以 點擊此處 下載簡報。希望能滿足您的需求！

　　下載完畢後，就可以開啓各位使用者預設的檔案下載資料夾，就可以
看到已成功下載Smart Slides所生成的簡報檔。接著只要點選該檔案就可
以看到投影片內容：

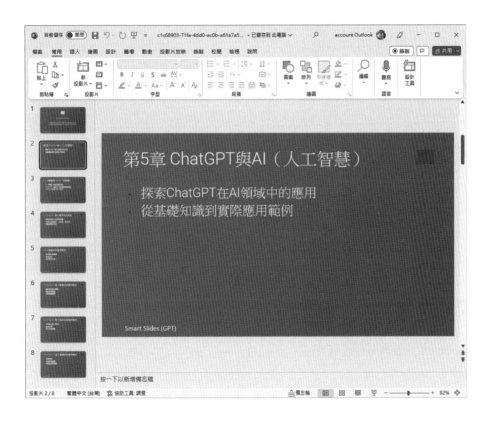

## 第十四章

ChatGPT 與雲端應用

隨著科技的發展，雲端計算和雲端應用已成為當今科技環境中無法忽視的一部分。我們的資料、應用程式，甚至整個運算環境都已進行雲端化，讓我們在任何地點、任何時間都能夠輕鬆存取和處理資訊。在這一章中，我們將討論ChatGPT如何能夠配合雲端應用，為使用者提供更為智慧且人性化的使用體驗。

14-1 雲端應用概述

在這個部分，我們將對雲端應用進行基本的介紹和概述。我們將從雲端應用的定義和類型著手，再進一步討論其特性和優勢，並探索它們在業務、學術和日常生活中的應用。這個概述將為讀者提供對雲端應用的基本理解，為接下來的介紹重點做好準備。

14-1-1 雲端應用的定義與類型

雲端應用，也被稱為雲應用，是指透過網際網路執行和存取的應用程式。這些應用程式的主要部分都在雲端伺服器上執行，用戶只需要透過網路連線，就能夠在各種裝置上使用這些應用程式。這種方式相較於傳統的桌面應用程式，不需要在用戶的裝置上安裝和執行，也不需要在用戶裝置

上存儲資料，因此大大提升了彈性和便利性。

　　雲端應用的類型多元，包括：雲端儲存服務（如Google Drive、Dropbox等）、雲端辦公套件（如Google Workspace、Microsoft 365等）、雲端運算環境（如Google Colab、AWS SageMaker等）、雲端協作工具（如Slack、Trello等），以及各種專業的行業應用（如雲端設計軟體、雲端行銷工具等）。

Tips　認識Google Workspace協作工具

Google Workspace是Google是一種完整雲端運算生產力和協同運作軟體工具和軟體等各式加值資源，它包含Google廣受歡迎的網路應用程式，例如包括Gmail、Google雲端硬碟、Google文件等。

14-1-2 雲端應用的特性與優勢

　　雲端應用的特性與優勢主要呈現在以下幾個方面：

● 無處不在的存取：只要有網路連線，用戶就可以在任何裝置、任何地點存取雲端應用和其相關資料。這大大提高了工作和學習的彈性，也方便了團隊間的協作。

● 易於維護與更新：由於雲端應用在伺服器端執行，因此更新和維護都由供應商負責，用戶不需要擔心相關問題。同時，由於所有用戶都使用同一版本的應用程式，因此避免了版本不一致帶來的問題。

● 資源共享與擴充性：雲端應用可以根據需求彈性調整資源使用，這種特性既可以節省成本，也可以在需要時迅速擴充性能。

● 資料安全與備份：雲端供應商通常會提供強大的資料保護和備份功能，可以防止資料遺失和安全問題。

14-1-3 雲端應用在業務、學術和日常生活中的應用

在業務上，雲端應用已經成為一種重要的工具。無論是在儲存和共享文件、協作工作、進行資料分析，還是在銷售和客戶管理等多種工作流程中，雲端應用都扮演了關鍵角色。

在學術上，雲端應用也變得越來越重要。許多研究和教育活動都轉移到了雲端，學生和老師可以透過雲端應用進行線上學習、協作研究、資料分析等活動。

學生和老師可以透過Google Meeting進行線上討論

在日常生活中，雲端應用同樣扮演了重要角色。從雲端儲存和分享照片、音樂和文件，到使用雲端應用進行線上購物、社交、學習等，雲端應

用已經滲透到了我們生活的各個方面。

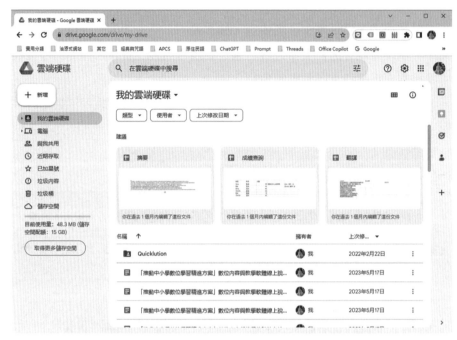

Google雲端硬碟能夠讓你儲存照片、音樂和文件

這種趨勢讓我們看到了雲端應用的巨大潛力，並引發了我們對如何更好利用這些應用的思考。在下一個部分，我們將探討如何使用ChatGPT來優化雲端應用，為用戶提供更智慧、更人性化的體驗。

14-2 使用ChatGPT在雲端環境中進行開發

這一部分將專注於如何在雲端環境中使用ChatGPT進行開發。我們會從如何將ChatGPT部署到雲端環境開始，並進一步探討如何透過雲端工具和服務來增強ChatGPT的能力。讀者將學習到如何利用雲端環境的優勢，如彈性、可擴充性和易於存取，來優化ChatGPT的應用。

14-2-1 部署ChatGPT到雲端環境

　　雲端環境為開發者提供了一種便利的方式，使他們可以隨時隨地進行開發和執行應用程式，而不需要關心底層的硬體設備。這種模式在部署大型深度學習模型，如ChatGPT上尤其有用，因為這些模型通常需要大量的運算資源，而這些資源在一般的個人電腦上往往難以滿足。

　　部署ChatGPT到雲端環境，需要考慮以下幾個步驟：

● 選擇雲端平台：目前有多種雲端平台提供深度學習相關的服務，如Google Cloud Platform、Amazon Web Services（AWS）、Microsoft Azure等。這些平台都提供了強大的運算資源和豐富的工具，可以方便開發者部署和執行深度學習模型。開發者可以根據自身需求和預算選擇合適的雲端平台。

● 設定運算資源：部署深度學習模型需要大量的運算資源，尤其是GPU。大部分雲端平台都提供了可選擇的運算資源設定，開發者可以根據模型的需求和預算選擇合適的設定。

● 安裝和設定模型：安裝和設定模型是部署深度學習模型的一個重要步驟。這通常包括安裝相關的套件、下載預訓練的模型、設定模型的參數等。為了方便開發者，大部分雲端平台都提供了一些自動化的工具和模板來協助完成這些工作。

14-2-2 利用雲端工具和服務增強ChatGPT的能力

　　雲端平台不僅提供了運算資源，還提供了許多工具和服務，可以幫助開發者更好地利用ChatGPT。

● 資料儲存和管理：大部分雲端平台都提供了強大的資料儲存和管理服務，如Google Cloud Storage、Amazon S3等。這些服務可以幫助開發者

方便地儲存和管理大量的資料，並且可以方便地與深度學習模型結合。

● 模型訓練和調整參數：雲端平台提供了一些工具和服務來協助模型的訓練和調整參數，如Google Cloud Machine Learning Engine、Amazon SageMaker等。這些工具和服務可以自動化許多訓練和調整參數的過程，並且可以提供詳細的監控和報告功能。

● 模型部署和服務化：為了讓深度學習模型能夠被其他應用程式使用，開發者需要將模型部署為一個服務。雲端平台提供了許多工具和服務來協助這個過程，如Google Cloud Endpoints、Amazon API Gateway等。網路上有許多模型部署和服務工具的比較說明，如下圖網址所示：

https://www.saashub.com/compare-amazon-api-gateway-vs-google-cloud-endpoints

14-2-3 利用雲端環境的優勢優化ChatGPT的應用

　　雲端環境具有許多優勢，如彈性、可擴充性和易於存取，這些優勢可以幫助開發者優化ChatGPT的應用。

● 彈性：雲端環境具有強大的彈性，可以根據需求隨時調整運算資源。這意味著開發者可以根據ChatGPT的工作負載靈活地調整運算資源，而不需要擔心資源過剩或不足的問題。

● 可擴充性：雲端環境具有強大的可擴充性，可以輕鬆擴充運算資源和儲存容量。這意味著開發者可以根據ChatGPT的需求和成長，進行大規模的模型訓練和資料分析。

● 易於存取：由於雲端環境可以透過網路進行存取，因此開發者可以在任何地點、任何裝置上進行開發和執行應用程式。

　　透過充分利用這些優勢，開發者可以將ChatGPT的應用推向新的高度，提供更強大、更智慧、更人性化的服務。

14-3 在Google文件與試算表使用ChatGPT

　　GPT for Sheets™和Docs™是一個用於Google Sheets™和Google Docs™的AI寫作工具，這個擴充功能完全免費使用的。它允許您直接在Google Sheets™和Docs™中使用ChatGPT。它建立在OpenAI ChatGPT、GPT-3和GPT-4模型之上。您可以用它來執行各種文字任務：寫作、編輯、提取、清理、翻譯、摘要、概述、解釋等。

　　在本節中，我們將介紹如何在Google文件和試算表中使用ChatGPT。我們將引導您完成安裝GPT for Sheets and Docs擴充工具，取得OpenAI API金鑰並在Google文件和試算表中進行相應的設定，讓您能夠輕鬆地在這些平台中使用ChatGPT的強大功能。

14-3-1 安裝 GPT for Sheets and Docs 擴充工具

　　在本小節中，我們將指導您如何安裝GPT for Sheets and Docs擴充工具。這個擴充工具可以讓您在Google文件和試算表中輕鬆地使用ChatGPT模型。我們將提供逐步的操作指南，確保您能順利完成安裝過程。您可以按照以下步驟安裝GPT for Sheets and Docs擴充工具：

　　在Google輸入關鍵字「GPT for Sheets and Docs」，找到GPT for Sheets and Docs的超連結：

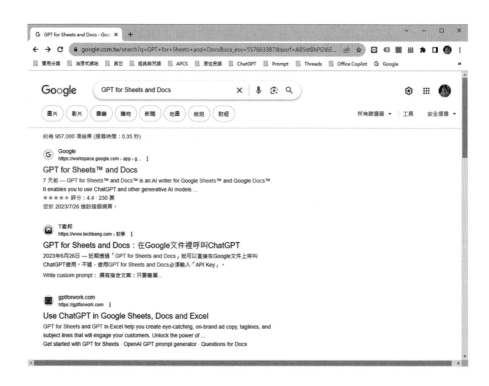

看到這個視窗後點選「安裝」按鈕：

GPT for Sheets™ and ...

ChatGPT in Google Sheets™ and Docs™. Get the full power of AI for inspiration data cleaning, classification, extraction, translation, edition, summarization, writing directly in you...

開發者： Talarian ☑
商店資訊更新日期： 2023年7月25日

適用裝置： 📄 📊　　　　　　　　　★★★★☆ 219 ⓘ ⬇ 374萬+

　總覽　　　　　　　　　權限　　　　　　　　　評論

ChatGPT in Google Sheets
powered by gpt-3.5-turbo

這邊按「繼續」：

 可以開始安裝了

「GPT for Sheets™ and Docs™」需要由您授權安裝。

點選 [繼續]，即表示您瞭解這個應用程式會根據相關的服務條款和隱私權政策使用您的資訊。

取消　　　繼續

之後選擇目前打算使用的帳號：

G　使用 Google 帳戶登入

選擇帳戶

以繼續使用「GPT for Sheets and Docs」

◉　使用其他帳戶

如要繼續進行，Google 會將您的姓名、電子郵件地址、語言偏好設定和個人資料相片提供給「GPT for Sheets and Docs」。使用這個應用程式前，請先詳閱「GPT for Sheets and Docs」的《隱私權政策》及《服務條款》。

按下「允許」鈕：

「GPT for Sheets and Docs」想
要存取您的 Google 帳戶

這麼做將允許「GPT for Sheets and Docs」進行以
下操作：

● 查看及管理已安裝這個應用程式的文件　　　ⓘ

● 查看及管理已安裝這個應用程式的試算表　　ⓘ

➡ 連線至外部服務　　　　　　　　　　　　　ⓘ

➡ 在 Google 應用程式內的提示和側欄中顯示及　ⓘ
　刊登第三方網頁內容

確認「GPT for Sheets and Docs」是您信任的應用
程式

這麼做可能會將機密資訊提供給這個網站或應用程式。
您隨時可以前往 Google 帳戶頁面查看或移除存取權。

瞭解 Google 如何協助您安全地分享資料。

詳情請參閱「GPT for Sheets and Docs」的《
隱私權政策》和《服務條款》。

| 取消 | 允許 |

請再按「繼續」鈕

這樣就安裝完了，最後按下「完成」。

14-3-2 取得OpenAI API金鑰

在本小節中，我們將示範如何取得OpenAI API金鑰。這個API金鑰是連接GPT模型所需的關鍵，讓您能夠在Google文件和試算表中使用ChatGPT功能。我們將解釋申請API金鑰的過程並提供相關的注意事項。您可以按照以下步驟取得OpenAI API金鑰：

首先請先到OpenAI申請OpenAI帳號。

https://openai.com/

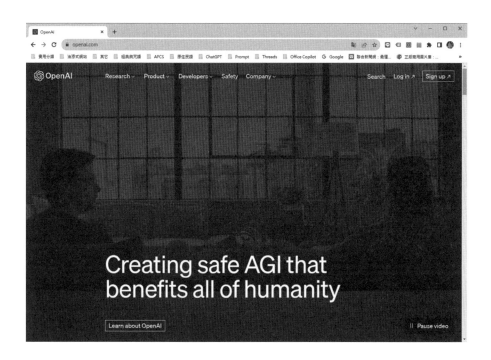

如果已申請好OpenAI帳號，在上圖中按下「Log in」鈕，會出現下圖，接著選「API」。

會出現下圖的「Welcome to the OpenAI platform」的歡迎畫面，如下
圖所示：

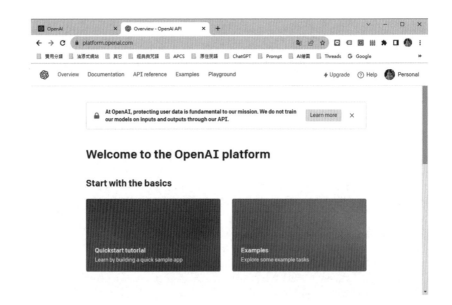

接著請按下個人帳號圖示鈕，並在下拉式清單中選擇「View API
keys」：

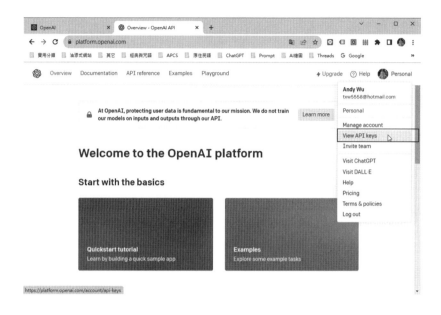

再按下「Create new secret key」鈕。

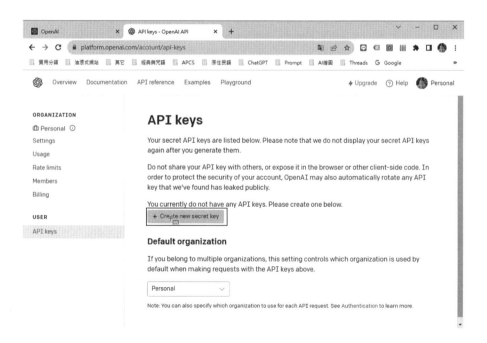

接著會出現下圖畫面，請接著按「Create secret key」鈕建立新密鑰：

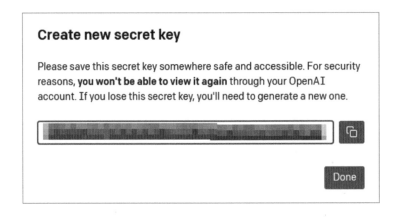

現在您的新OpenAI API金鑰已被建立，因為這個畫面只出現一次，所以請記得先將這個金鑰複製到自己的文件檔案紀錄起來，以便將來要設定金鑰時會使用到。此處各位可以先按下金鑰右側的複製鈕將金鑰複製起來。

14-3-3 在Google文件中設定OpenAI API金鑰

接著將引導您在Google文件中設定OpenAI API金鑰。首先請在您的「Google雲端硬碟」先新增一份Google文件檔案，接著執行「擴充功能/

GPT for Sheest TM and Docs TM/Set API key」指令，如下圖所示：

按下「Ctrl+V」快速鍵將剛才複製的API key貼入中間的文字方塊，各位可以先按下「Check」來驗證這個API key是否有效？

如果檢查沒有問題，就可以按下「Save API key」鈕完成設定工作。

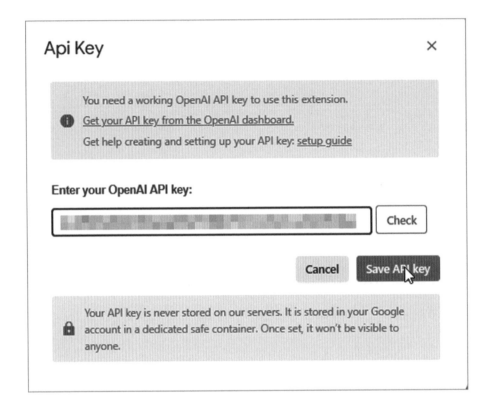

14-4 在Google文件中輔助使用ChatGPT

本節將教您如何在Google文件中結合ChatGPT，以提高寫作、分析和報告規劃的效率。

14-4-1 開啟側邊欄（Launch sidebar）

本小節將教您在Google文件中啟用GPT for Sheets and Docs的側邊欄

功能。此側邊欄讓您與ChatGPT輕鬆互動，能迅速產生文字、查詢疑問
或擬定報告大綱。要開啓側邊欄（Launch sidebar），請執行「擴充功能/
GPT for Sheest TM and Docs TM/Launch」指令：

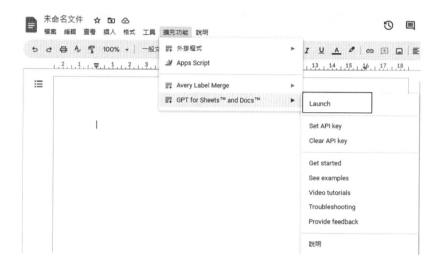

接著就可以在視窗的右側開啓側邊欄（Launch sidebar），如下圖所示：

14-4-2 請ChatGPT規劃專題報告大綱

要求ChatGPT幫忙擬定報告大綱，您只需在提示框（Prompt）填入問題，然後點擊「Submit」。很快，GPT的答案就會在Google文件中顯示。

提示詞：

請幫我規劃防止駭客的專題報告大綱

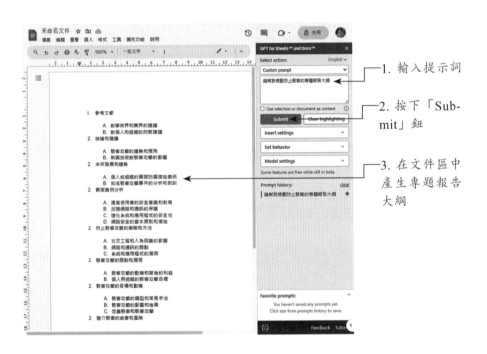

1. 輸入提示詞

2. 按下「Sub-mit」鈕

3. 在文件區中產生專題報告大綱

14-5 在Google試算表中輔助使用ChatGPT

本節將指導您如何在Google試算表中結合ChatGPT，使資料處理更為迅速和方便。我們會逐步教您啟用GPT函數、探討其主要功能，並以範例展示如何用ChatGPT在試算表中進行資料排序、篩選等操作。

14-5-1 在Google試算表啓動GPT函數

本小節將教您在Google試算表中激活GPT函數，將ChatGPT的高效功能融入您的試算表。此功能使您能在試算表中迅速產生文字或執行其他自然語言處理任務。啓用GPT函數的方法如下：

首先，於「Google雲端硬碟」建立新的Google試算表文件。然後，選擇「擴充功能/GPT for Sheest TM and Docs TM/Enable GPT functions」，詳見下圖說明：

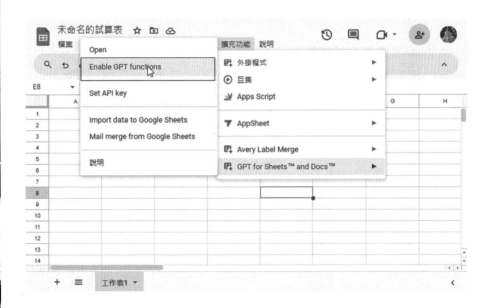

如下圖提示框所示，表示您已在Google試算表成功啓用GPT函數。接下來，請點擊「確定」按鈕。

CHAPTER

14

All GPT functions are now enabled on this spreadsheet!
Go to Extensions > GPT for Sheets™ and Docs™ > Open to open the sidebar and see all features.

×

確定

　　然後，您可以在A1儲存格打入「=gpt」，這將顯示當前可用的GPT
函數。該函數的主要功能是在指定儲存格展示ChatGPT的回應。詳情如下
圖展示：

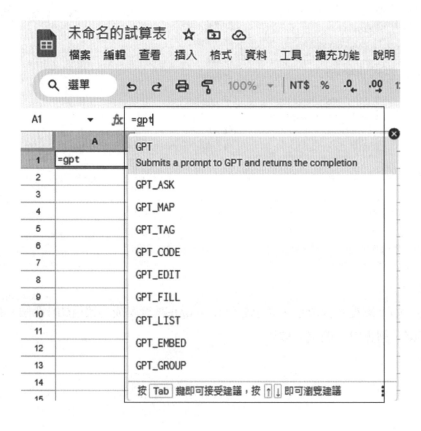

　　繼續輸入完成的函數，例如「=gpt("列出和時間有關的函數")」，如下圖所示：

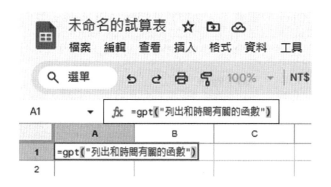

　　按下「Enter」鍵，就會直接在A1儲存格中產生GPT的回答內容：

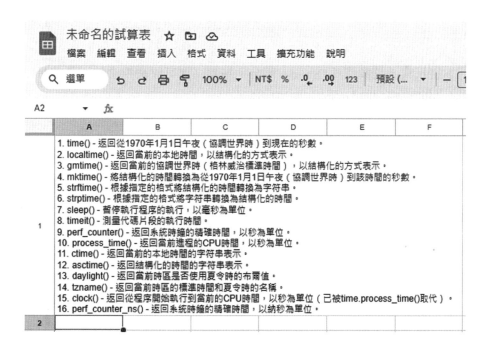

小技巧　如何查詢OpenAI API的使用情況

要查看OpenAI API的使用額度，請按照以下指示：

1. 登入您的OpenAI帳號，並切換到「View API Keys」頁面。

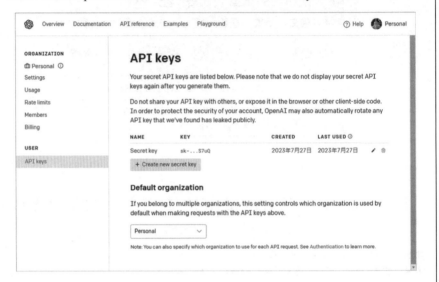

2. 接下來，切換到「Usage」部分。在此，您可以檢視當前和先前月份的計費週期內的配額使用詳情。

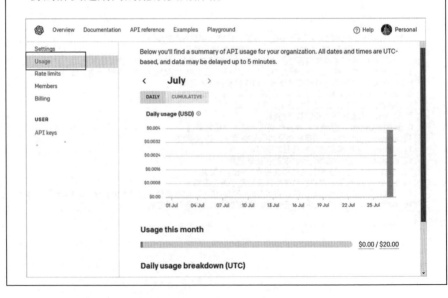

14-5-2 GPT函數簡介

　　本節將為您詳述GPT函數的特性。GPT函數由一套與ChatGPT模型相關的功能組成，主要用於資料處理和文字生成。透過GPT for Sheets™及Docs™ AI寫作工具的外掛程式，我們提供以下自訂函數：

- GPT：在特定儲存格內獲取ChatGPT反應。
- GPT_LIST：在列中得到多個結果。
- GPT_TABLE：根據提示獲得項目清單。
- GPT_FILL：按照範例填充資料。
- GPT_FORMAT：統一表格資料格式。
- GPT_EXTRACT：從資料中取出特定項目。
- GPT_EDIT：修改表格內容。
- GPT_SUMMARIZE：提供表格內容概述。
- GPT_CLASSIFY：對表格內容進行分類。
- GPT_TAG：為表格內容添加標籤。
- GPT_TRANSLATE：對表格內容進行翻譯。
- GPT_CONVERT：將表格資料轉換成csv、html、json、xml等格式。
- GPT_MAP：對應兩組資料。

　　透過上述函數，您可以輕鬆完成以下操作：

- 建立部落格文章概念。
- 撰寫段落或程式碼。
- 整理如姓名、地址、電子郵件、公司列表、日期、金額、電話等。
- 利用情感分析或特點分類對評價進行排序。
- 概述評價。
- 回應線上評論。
- 管理Google、Facebook廣告等。
- 處理SEO相關的標題、描述。

CHAPTER

14

- 編寫登陸頁內容。
- 管理電商產品清單。
- 進行翻譯工作。

14-5-3 資料排序篩選

接著我們將展示如何在Google試算表裡運用ChatGPT來篩選資料。這方法將助於您更快速從大批資料中找出所需的內容，為您的資料處理工作提供便利。

原始工作表：（資料來源試算表：**價格.xlsx**）

	A	B	C
1	商品名稱	價格	
2	電冰箱	80000	查詢單價在1萬元以上
3	微波爐	32000	
4	洗衣機	75000	
5	電風扇	8000	
6	吸塵器	12000	
7	電熱水壺	4800	

輸入函數指令：

=GPT_LIST（"查詢單價在1萬元以上",A1:B7）

執行結果：

D4	▼	*fx*	洗衣機 - 75000		

	A	B	C	D	E
1	商品名稱	價格			
2	電冰箱	80000	查詢單價在1萬元以上	電冰箱 - 80000	
3	微波爐	32000		微波爐 - 32000	
4	洗衣機	75000		洗衣機 - 75000	
5	電風扇	8000			
6	吸塵器	12000			
7	電熱水壺	4800			
8					

14-5-4 資料排序

在本小節中，我們將透過一個實例示範如何使用ChatGPT在Google試算表中進行資料排序。這將幫助您快速對資料進行排序，從而更好地理解和分析資料。

原始工作表：（資料來源試算表：**資料排序.xlsx**）

	A	B	C	D	E
1	編號	姓名	模擬考		排序結果
2	ncu001	李婷婷	632		
3	ncu002	張偉	560		
4	ncu003	王思琪	610		
5	ncu004	林家豪	580		
6	ncu005	陳小明	614		
7	ncu006	胡玉華	480		
8	ncu007	鄭子誠	520		
9	ncu008	蔡佳穎	580		
10	ncu009	楊大為	555		
11	ncu010	吳俊傑	587		
12	ncu011	邱雅雯	596		
13	ncu012	余心怡	601		
14	ncu013	鍾志強	624		
15	ncu014	曹慧玲	555		
16	ncu015	高麗珍	540		
17	ncu016	謝俊杰	520		
18	ncu017	邵慧琳	525		
19	ncu018	蘇珮琪	568		
20	ncu019	趙建國	558		
21	ncu020	魏明珠	598		

輸入函數指令：

=GPT_LIST("依模擬考欄位大到小排序",A1:C21)

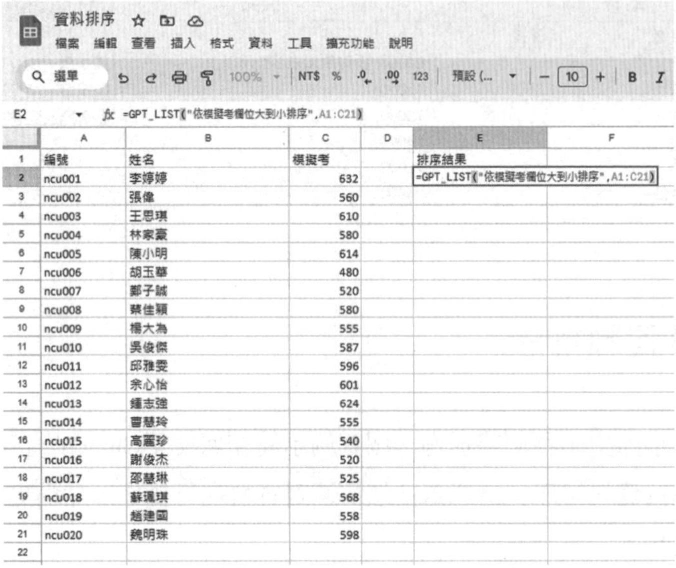

	A	B	C	D	E	F
1	編號	姓名	模擬考		排序結果	
2	ncu001	李婷婷	632		=GPT_LIST("依模擬考欄位大到小排序",A1:C21)	
3	ncu002	張偉	560			
4	ncu003	王思琪	610			
5	ncu004	林家豪	580			
6	ncu005	陳小明	614			
7	ncu006	胡玉華	480			
8	ncu007	鄭子誠	520			
9	ncu008	蔡佳穎	580			
10	ncu009	楊大為	555			
11	ncu010	吳俊傑	587			
12	ncu011	邱雅雯	596			
13	ncu012	余心怡	601			
14	ncu013	鍾志強	624			
15	ncu014	曹慧玲	555			
16	ncu015	高麗珍	540			
17	ncu016	謝俊杰	520			
18	ncu017	邵慧琳	525			
19	ncu018	蘇珮琪	568			
20	ncu019	趙建國	558			
21	ncu020	魏明珠	598			
22						

執行結果：

	A	B	C	D	E
1	編號	姓名	模擬考		排序結果
2	ncu001	李婷婷	632		ncu001 - 李婷婷 - 632
3	ncu002	張偉	560		ncu013 - 鍾志強 - 624
4	ncu003	王思琪	610		ncu005 - 陳小明 - 614
5	ncu004	林家豪	580		ncu012 - 余心怡 - 601
6	ncu005	陳小明	614		ncu020 - 魏明珠 - 598
7	ncu006	胡玉華	480		ncu011 - 邱雅雯 - 596
8	ncu007	鄭子誠	520		ncu010 - 吳俊傑 - 587
9	ncu008	蔡佳穎	580		ncu018 - 蘇珮琪 - 568
10	ncu009	楊大為	555		ncu003 - 王思琪 - 610
11	ncu010	吳俊傑	587		ncu004 - 林家豪 - 580
12	ncu011	邱雅雯	596		ncu008 - 蔡佳穎 - 580
13	ncu012	余心怡	601		ncu019 - 趙建國 - 558
14	ncu013	鍾志強	624		ncu009 - 楊大為 - 555
15	ncu014	曹慧玲	555		ncu014 - 曹慧玲 - 555
16	ncu015	高麗珍	540		ncu015 - 高麗珍 - 540
17	ncu016	謝俊杰	520		ncu017 - 邵慧琳 - 525
18	ncu017	邵慧琳	525		ncu007 - 鄭子誠 - 520
19	ncu018	蘇珮琪	568		ncu016 - 謝俊杰 - 520
20	ncu019	趙建國	558		ncu002 - 張偉 - 560
21	ncu020	魏明珠	598		ncu006 - 胡玉華 - 480

## 第十五章

ChatGPT 與電腦繪圖

在這一章中，我們將進一步探討ChatGPT如何被運用在電腦繪圖的領域。我們將從基本的電腦繪圖知識出發，探討如何利用ChatGPT進行電腦繪圖，並且分享一些在不同電腦繪圖軟體中的應用範例。

15-1 電腦繪圖基礎知識

這一節將介紹電腦繪圖的基礎知識，包括各種常見的繪圖工具、技術，以及基本的繪圖理論。這些知識對於理解和掌握ChatGPT在電腦繪圖中的應用是非常重要的。

15-1-1 電腦繪圖的繪圖工具

電腦繪圖工具是數位藝術創作的重要基礎。優秀的繪圖軟體應具備充分的繪圖和編輯功能，以支援藝術家創作出豐富且具有個人風格的作品。其中，Adobe Photoshop和Illustrator、CorelDRAW、Autodesk Sketchbook等軟體都是極受藝術家歡迎的繪圖工具。此外，近年來，各種雲端繪圖工具也逐漸興起，如Google的AutoDraw等，讓使用者無需下載軟體，就能在網路上進行創作。

提示詞（**Prompt**）：

Autodesk Sketchbook是什麼軟體？

ChatGPT回答畫面：

Autodesk SketchBook 是一款由 Autodesk 公司開發的數位繪畫軟體。這款軟體專為藝術家、設計師和插畫師設計，用於繪畫、繪圖、和素描。

以下是一些 Autodesk SketchBook 的主要特點：

1. **直觀的使用者介面**：其介面設計簡潔，專為觸控螢幕和筆式工具優化，使得用戶可以專注於繪畫，而不被複雜的菜單或工具欄打擾。
2. **筆刷工具**：SketchBook 提供了多種筆刷和自定義選項，用戶可以創建水彩、鉛筆、馬克筆和其他多種效果。
3. **高解析度繪圖**：支持高解析度畫布，使得創作的細節能夠更加鮮明。
4. **時間軸動畫**：除了靜態繪畫，SketchBook 還有基本的動畫工具，讓使用者可以創建簡單的動畫。
5. **掃描整合**：能夠直接將手繪素描透過手機掃描進入 SketchBook，並轉化為數位藝術。
6. **多平台支援**：SketchBook 可在多種設備上使用，包括桌面電腦、筆記型電腦、平板和智慧型手機。
7. **完整的色彩工具**：有強大的色彩選擇和調整工具，讓藝術家能夠創建所需的效果。

Autodesk SketchBook 是對於從初學者到專業藝術家都非常友好的軟體，提供了一個直觀且功能齊全的繪畫環境。

提示詞（**Prompt**）：

AutoDraw是什麼軟體？

ChatGPT回答畫面：

AutoDraw 是一個由 Google 的 Creative Lab 團隊所開發的網路工具。這是一款利用機器學習技術幫助使用者快速繪畫的工具。

當使用者在畫布上嘗試繪畫某個形狀或物體時，AutoDraw 會即時分析使用者的繪圖，並在畫布的頂部提供一系列的建議圖案，這些建議圖案都是基於使用者目前所繪畫的形狀。例如，如果使用者嘗試繪畫一棵樹，AutoDraw 可能會建議一些已經完成的樹的插畫，使用者可以直接選擇這些插畫代替自己的繪圖。

這個工具主要是為了幫助那些不太會繪畫或是想快速草擬某個概念的人，它可以在短時間內產生相對專業的圖像。不過，由於它是基於機器學習的，所以它所提供的建議並不總是完美或準確的。

　　這些繪圖工具各具特色，像是Photoshop擁有強大的圖像處理和合成能力，是專業設計師和藝術家的首選。

提示詞（**Prompt**）：

　　請問Photoshop這套軟體的主要特色功能。

ChatGPT回答畫面：

 Adobe Photoshop 是專業級的圖像編輯軟體，廣受設計師、攝影師、藝術家及其他專業人士的喜愛。以下是 Photoshop 的一些主要特色功能：

1. **圖層(Layers)**：這允許使用者在原始圖像之上創建和編輯多個圖層，使編輯更加靈活和組織化。
2. **選取工具(Selection Tools)**：如矩形選框、魔棒、快速選擇等，允許使用者選擇圖片的特定部分以進行編輯。
3. **調色板(Color Correction)**：用於調整圖像的明亮度、對比度、飽和度、色調等。
4. **刷子工具(Brush Tools)**：用於繪畫和修圖。
5. **修補和克隆工具(Healing and Clone Tools)**：用於修復照片中的瑕疵或複製某個部分。
6. **文字工具(Type Tool)**：允許在圖像上添加和編輯文字。
7. **變形和變形工具(Transform and Warp Tools)**：如旋轉、放大縮小、扭曲圖像等。
8. **過濾器(Filters)**：提供多種特效，例如模糊、銳化、失真和其他特效。
9. **合成功能(Compositing)**：允許結合多個圖像或圖像部分，以創建新的合成圖像。
10. **動作和腳本(Actions and Scripts)**：自動化重複的任務。
11. **3D 功能**：允許創建、編輯和渲染3D圖像。
12. **動畫功能**：用於創建簡單的動畫。
13. **Camera Raw**：直接編輯 RAW 圖像文件，提供了專業的調色和修正工具。
14. **智能物件(Smart Objects)**：讓你能夠保留圖像的源數據，這樣可以非破壞性地編輯。
15. **慣性選取(Path and Vector Selection)**：透過路徑和向量選取具有複雜形狀的物件。

這只是 Photoshop 的主要功能中的一小部分。其深度和靈活性使它成為圖像編輯和創作的強大工具。

　　另外，Illustrator則是向量繪圖的佼佼者，擅長創作標誌、插圖和排版設計。

提示詞（**Prompt**）：

　　請問Illustrator這套軟體的主要特色功能。

ChatGPT回答畫面：

 Adobe Illustrator 是專業的向量繪圖軟體，主要用於設計標誌、插圖、圖形、排版、版面設計等。以下是 Illustrator 的一些主要特色功能：

1. **向量繪圖**: 與基於像素的圖像編輯工具不同，Illustrator 使用數學方程式來創建路徑，使得圖形在放大或縮小時都能保持銳利。

2. **工具面板 (Tool Panel)**：包括筆工具、直線工具、形狀工具、選取工具等，用於創建和編輯向量圖形。

3. **顏色和梯度 (Color & Gradients)**：強大的顏色選擇和梯度工具，使得色彩的調整和應用非常靈活。

4. **層 (Layers)**：就像 Photoshop，Illustrator 也使用層來組織和管理圖形元素。

5. **文字工具 (Type Tools)**：強大的文字編輯和排版功能，包括路徑上的文字、垂直文字等。

6. **特效和濾鏡 (Effects & Filters)**：可以應用於向量對象，如模糊、扭曲、3D 效果等。

7. **對象排列和分佈 (Align & Distribute Objects)**：確保物件的精確放置。

8. **路徑工具 (Pathfinder Tools)**：允許組合、相減、相交等操作以創建複雜的形狀。

9. **智能導引線 (Smart Guides)**：幫助使用者對齊、距離和旋轉物件。

10. **藝術畫板 (Artboards)**：允許在同一文件中創建多個畫板，便於設計多頁或多種版本的作品。

11. **SVG和網頁出版**: 可以將圖形輸出為網頁友好的 SVG 格式。

12. **插件和擴展 (Plug-ins & Extensions)**：允許第三方開發增強功能或添加新功能。

13. **圖案和筆刷 (Patterns & Brushes)**：創建和應用自定義的筆刷和圖案。

14. **透視繪圖 (Perspective Drawing)**：在正確的透視中繪製對象。

15. **圖形風格 (Graphic Styles)**：儲存和重複使用特定的顏色、筆刷、梯度等的組合。

這只是 Illustrator 的一部分功能。其專門針對向量設計的功能和工具使其在平面設計、插圖和網頁設計中非常受歡迎。

　　而Sketchbook以其直觀的用戶介面和強大的手繪功能，受到插畫家和概念藝術家的青睞。

提示詞（**Prompt**）：

　　Sketchbook是什麼軟體？

如，色彩理論可以幫助我們理解如何選擇和配合顏色以創造特定的視覺效果；光與陰影則可以創造出立體感和空間深度；而視覺層次和構圖則有助於引導觀眾的視線，以達到強烈的視覺效果。

提示詞（**Prompt**）：

　　請說明光與陰影在電腦繪圖中所扮演的角色。

ChatGPT回答畫面：

 在電腦繪圖和設計中，光與陰影扮演著極其重要的角色，它們為二維圖像添加深度和三維感，增強視覺的真實感和吸引力。以下是光與陰影在電腦繪圖中所扮演的主要角色：

1. **創造深度**：陰影可以使平面圖像產生深度感，使物體或圖形在二維平面上具有三維立體感。
2. **強化形狀與結構**：光和陰影可以揭示物體的形狀、曲線和紋理。例如，透過恰當的陰影，一個圖形可以看起來像一個球體。
3. **建立焦點和視覺導向**：陰影和高光可以用來突出某些元素，引導觀眾的視覺焦點。
4. **增強真實感**：真實的光線和陰影模仿可以使電腦生成的圖像更接近真實世界的景象，尤其在3D建模和渲染中。
5. **設定氛圍和情感**：光和陰影可以用來傳達情感和氛圍。例如，柔和的光和輕柔的陰影可能會傳遞寧靜和輕鬆的氛圍，而強烈的對比和劇烈的陰影可能會傳達戲劇性和緊張感。
6. **提供物體間的分隔**：陰影可以協助區分畫面中的不同物體或層次，使圖像更加清晰和組織化。
7. **增強材質與質感**：光如何與物體的表面相互作用可以提供關於物體材質的線索。例如，光滑的表面可能會產生銳利的高光，而粗糙的表面則會散射光線。
8. **建立時間和空間感**：陰影的方向和長度可以傳達時間（例如，長陰影通常代表低矮的太陽，可能是日出或日落時分）和光源的位置。
9. **模仿自然光源**：在3D建模和渲染中，模仿真實世界的光源（如太陽、蠟燭或人造燈光）可以使場景更加真實和生動。

總的來說，光和陰影在電腦繪圖中是極其強大的工具，無論是為了增強真實感、建立情感還是傳達視覺信息，它們都是不可或缺的元素。

提示詞（**Prompt**）：

　　請說明在電腦繪圖中包括哪些構圖原則。

ChatGPT回答畫面：

 在電腦繪圖中，與傳統的藝術和設計一樣，存在一些基本的構圖原則。這些原則有助於指導藝術家和設計師創建更有組織、有吸引力和有效的作品。以下是一些常用的構圖原則：

1. **重點 (Focal Point):** 每幅作品應有一個或多個焦點，以吸引和引導觀眾的注意力。
2. **對稱和平衡 (Symmetry and Balance):** 藝術作品可以是完全對稱的，也可以是不對稱的。不對稱性可以創造一種動態感，但還是需要某種形式的平衡，以防止畫面看起來過於偏重一方。
3. **規則與破規 (Rule and Break):** 例如，著名的「三分法則」建議將畫面分成三等分，並在交點或線上放置重要的元素。但有時刻意打破這些規則也能產生令人驚豔的效果。
4. **方向 (Direction):** 藝術家可以使用形狀、線條和色彩來引導觀眾的視線流動。
5. **比例和尺度 (Proportion and Scale):** 物體的大小和其在空間中的位置可以影響其重要性和意義。
6. **對比 (Contrast):** 對比可以通過色彩、形狀或其他元素來創建，並有助於使某些部分更加突出。
7. **重複和節奏 (Repetition and Rhythm):** 重複的元素可以創建節奏感，帶來和諧和組織感。
8. **空間和負空間 (Space and Negative Space):** 負空間是物體周圍的空白或空區，它本身也是一種重要的設計元素。
9. **團結與和諧 (Unity and Harmony):** 所有元素應協同工作，創建一個統一和協調的整體。
10. **分層 (Layering):** 在電腦繪圖中，尤其是數碼媒體設計，分層可以幫助創建深度和視覺層次感。
11. **色彩理論 (Color Theory):** 了解色彩如何相互作用，以及它們如何傳達情感和信息，是任何視覺藝術的關鍵。

構圖原則在電腦繪圖中起著指導作用，但它們並不是固定不變的規則。創意和直覺同樣重要，許多藝術家和設計師會根據自己的目的和風格選擇遵循或打破這些原則。

　　了解這些基礎知識對於善用ChatGPT進行電腦繪圖非常有幫助，當然，只要你具有創作的熱情，並願意探索和嘗試，就能創造出屬於自己的美麗作品。在接下來的章節中，我們將探討如何將這些知識與ChatGPT結合，以擴展我們的創作空間。

15-2 使用ChatGPT進行電腦繪圖

在這一節中，我們將探討如何使用ChatGPT來進行電腦繪圖。我們會分享一些具體的方法和技巧，讀者可以跟隨這些步驟來嘗試使用ChatGPT創作出自己的藝術作品。

15-2-1 如何利用ChatGPT產生創作靈感

很多時候，我們在創作的過程中會遇到靈感枯竭的狀況。這時候，ChatGPT可以成為我們的良師益友，幫助我們挖掘出新的創作思緒。

我們可以給予ChatGPT一些初始的提示，比如：「我想繪製一幅描述春天的畫，請給我一些意見。」或者是「我要設計一個科技風格的商業標誌，你有什麼建議？」。在我們給予ChatGPT這樣的提示之後，它會根據自身的大量學習經驗，提供出豐富且具有創新性的回答。這些回答可以幫助我們突破思緒的束縛，找到全新的創作方向。

提示詞（**Prompt**）：

我想繪製一幅描述春天的畫，請給我一些意見。

CHAPTER

15

ChatGPT回答畫面：

 當你想要繪製描述春天的畫，可以從以下方面入手，為你的畫增添春天的氛圍：

1. **色彩選擇：**
   - 春天的色彩通常以明亮、鮮艷、輕快的色調為主。
   - 使用粉紅、淡綠、蒼藍、黃色等來呈現花朵、嫩葉和藍天。
2. **主題元素：**
   - 花朵：櫻花、郁金香、水仙、風信子等早春的花卉。
   - 動物：春天是復甦和繁殖的季節，考慮加入小鳥、蝴蝶、小兔等動物。
   - 嫩葉：新長出的嫩綠的葉子，對比冬季的枯黃。
3. **活動和情境：**
   - 人們外出野餐、放風箏。
   - 農夫在田地裡耕種。
   - 小孩在公園或田野中玩耍。
4. **氛圍和時間：**
   - 選擇早上的晨露、中午的溫暖陽光或傍晚的金黃色調來呈現春天的不同時刻。
   - 輕風吹拂，花瓣飄落。
5. **背景和環境：**
   - 考慮一片生機勃勃的田野、花園或公園作為你的背景。
   - 河流和湖泊在春天也變得生機盎然，可以考慮將其納入畫面中。
6. **細節和特點：**
   - 蜜蜂和蝴蝶飛舞在花間。
   - 樹幹上的藤蔓開始爬升。
   - 某處的花瓣上留有露珠。
7. **構圖技巧：**
   - 使用三分法則來配置主要的視覺焦點。
   - 通過引導線（例如小徑、河流或風中飄動的花瓣）來導引觀眾的視線。
8. **情感和信息：**
   - 春天是新生和希望的象徵，所以畫中的元素和色彩應該傳達出這種正能量。

不同的畫家有不同的解讀和表達方式，建議根據自己的風格和喜好，結合以上建議，創作出你眼中的春天。

提示詞（Prompt）：

　　我要設計一個科技風格的商業標誌，你有什麼建議？

ChatGPT回答畫面：

 當設計一個科技風格的商業標誌時，通常希望讓標誌看起來現代、簡潔、且具有未來感。以下是一些建議，幫助你創建出有效的科技風格商業標誌：

1. **色彩選擇：**
   - 通常選用冷色調，如藍色、灰色或黑色，因為這些色彩常與科技產品和品牌相關聯。
   - 亮銀或金屬色調可以增加現代感和專業感。
   - 使用簡單的色盤，不超過2-3種主要色彩。
2. **字體選擇：**
   - 選擇清晰、簡潔的無襯線字體，如Helvetica、Roboto或Futura。
   - 確保字體在各種大小下仍然可讀。
3. **圖形和符號：**
   - 考慮使用抽象的幾何形狀，如直線、曲線、圓形或多邊形。
   - 用線條或網絡模式來表示連接性和網絡。
   - 數字、電路板圖案或像素化的設計也是很好的選擇。
4. **簡潔性：**
   - 科技標誌應該簡單而不過於複雜。過多的細節可能會使其看起來擁擠，影響可識別性。
5. **現代感：**
   - 避免使用傳統或復古的元素，除非你特別想結合科技與復古的風格。
6. **動態感：**
   - 使用斜線、波浪線或其他表示運動的元素可以增加動感，反映出科技的快速變化。
7. **擴展性：**
   - 考慮到你的標誌將如何在不同的平台和大小上顯示，例如手機APP圖示、名片或大型廣告牌。
8. **獨特性：**
   - 儘管許多科技標誌可能具有相似的元素，但你的設計仍應該具有獨特性，使你的品牌在市場上脫穎而出。
9. **測試和反饋：**
   - 在設計過程中，獲得不同人的反饋，看看他們如何解讀你的標誌，並根據需要進行調整。

最後，設計時應始終保持開放的心態。科技界不斷變化，因此標誌也應該能夠反映出這種進步和創新的精神。

15-2-2 使用ChatGPT進行技術指導

在繪圖過程中，我們可能會遇到各種技術性的問題，如：「如何在Photoshop中製作陰影效果？」或者「在Illustrator中如何繪製3D物

CHAPTER

15

體？」。這時，我們可以將這些問題向ChatGPT提出。

提示詞（Prompt）：

　　如何在Photoshop中製作陰影效果？

ChatGPT回答畫面：

 如何在Photoshop中製作陰影效果？

在Photoshop中，有多種方法可以製作陰影效果。以下是一些常見的方法來為物件或文字添加陰影：

1. 圖層樣式 (Layer Styles) 中的陰影效果：

這是為物件或文字添加基本陰影的最快方法。

1. 選擇你想要添加陰影的圖層。
2. 在圖層面板的底部，點擊「圖層樣式」的按鈕（它看起來像一個"fx"）。
3. 從下拉菜單中選擇「陰影 (Drop Shadow)」。
4. 在彈出的對話框中，調整陰影的各項設定，如「混合模式 (Blend Mode)」、「顏色 (Color)」、「不透明度 (Opacity)」、「角度 (Angle)」、「距離 (Distance)」、「展開 (Spread)」和「大小 (Size)」等。
5. 點擊「確定 (OK)」。

2. 手工製作陰影：

如果你想要更多的控制權，可以手工製作陰影。

1. 複製你想要添加陰影的圖層（快捷鍵：Ctrl + J 或 Command + J）。
2. 將複製的圖層放置到原始圖層的下方。
3. 使用「移動工具 (Move Tool)」或箭頭鍵稍微移動該圖層，以模擬陰影的角度和距離。
4. 轉到「圖像 > 調整 > 色相/飽和度 (Image > Adjustments > Hue/Saturation)」，然後將亮度調至最低，使其變為黑色。
5. 選擇「濾鏡 > 模糊 > 高斯模糊 (Filter > Blur > Gaussian Blur)」以使陰影邊緣模糊。
6. 調整模糊半徑，然後點擊「確定 (OK)」。
7. 根據需要調整陰影圖層的不透明度。

3. 使用筆刷 (Brush Tool) 製作陰影：

這是一種更自由、更有藝術性的方法來製作陰影。

提示詞（**Prompt**）：

　在Illustrator中如何繪製3D物體？

ChatGPT回答畫面：

在Adobe Illustrator中，你可以使用其內置的3D效果工具來繪製基本的3D物體。以下是如何
使用此功能的步驟：

1. 繪製一個基本形狀：

首先，使用Illustrator的繪圖工具（例如長方形工具、橢圓工具等）來繪製一個基本的2D形
狀。

2. 選擇你的形狀：

確保你選擇了你想要轉換成3D的形狀。

3. 使用3D效果：

1. 從上方菜單中選擇「效果 (Effect)」→「3D」。
2. 此時，你會看到三個選項：「旋轉 (Rotate)」、「外挤 (Extrude & Bevel)」和「旋轉成形狀
   (Revolve)」。每個選項都有其特定的用途：
   * **旋轉 (Rotate):** 可以讓你的物體在3D空間中旋轉。
   * **外挤 (Extrude & Bevel):** 可以使2D形狀變成3D物體，如立方體或金字塔。
   * **旋轉成形狀 (Revolve):** 通常用於創建對稱的3D物體，例如瓶子或杯子。
3. 選擇一個效果，然後調整設定。例如，如果你選擇「外挤 (Extrude & Bevel)」，你可以設定
   物體的深度、角度和照明。

4. 調整照明和觀看角度：

在3D效果的對話框中，你可以調整照明的位置和強度，以及觀看物體的角度和視點。這些調
整可以使你的3D物體看起來更真實。

5. 點擊「確定 (OK)」：

完成3D效果的設定後，點擊「確定 (OK)」。

6. 進一步的編輯：

雖然3D效果應用後，你的形狀看起來是3D的，但它仍然是一個可編輯的2D向量形狀。你可以
隨時返回到3D效果的設定中進行更多的調整。

基於其深度學習的特性，ChatGPT可以理解我們的問題並給出專業的指導。它能夠提供步驟詳細的指南，幫助我們有效解決問題，提升我們的繪圖技能。

15-2-3 利用ChatGPT進行創作評估和修改建議

完成一幅作品之後，我們可能想要得到一些客觀的評價和修改建議。ChatGPT可以幫助我們做到這一點。

我們可以將作品的名稱提供給ChatGPT，然後問它：「你對這幅畫有什麼評價？」或者「你認為我應該如何修改這個設計？」。憑藉它的學習能力，ChatGPT可以給出具有深度的評價和實用的修改建議。

提示詞（Prompt）：

你對「梵谷向日葵」這幅畫有什麼評價？

ChatGPT回答畫面：

《梵谷向日葵》是文森特·梵谷（Vincent van Gogh）的代表作之一，它反映了梵谷對生活、自然和藝術的深厚情感。以下是我對這幅畫的一些評價：

1. **色彩運用:** 梵谷是後印象派的代表性畫家之一，他特別重視色彩的運用。在《梵谷向日葵》中，梵谷使用了鮮明、濃烈的黃色，充分展現向日葵的活力與光彩。這種鮮亮的色彩賦予了畫作極大的情感張力。

2. **情感表達:** 梵谷在其短暫的生命中經歷了很多心靈的掙扎和痛苦。向日葵在這裡不僅是自然的描繪，還象徵著希望、熱情和對生活的愛。每一朵向日葵都似乎有其個性和情感，顯示出梵谷深深的同情和關懷。

3. **技法與風格:** 梵谷使用了厚重的筆觸和強烈的色彩對比來營造畫面的質感。這種技法使畫面充滿了動態和能量，猶如向日葵在風中搖曳。

4. **深度與象徵:** 雖然表面上是一幅描繪植物的畫作，但《梵谷向日葵》還蘊含了梵谷對生命、愛和希望的深沉思考。向日葵作為一種追隨太陽的植物，也被視為對光明和希望的追求象徵。

總的來說，《梵谷向日葵》不僅是一幅視覺上令人震撼的作品，更是梵谷情感和哲學思考的體現。它不僅展示了梵谷的藝術天賦，還深深地觸動了無數觀眾的心靈。

15-3 ChatGPT在不同電腦繪圖軟體中的應用範例

　　這一節將介紹ChatGPT在不同電腦繪圖軟體中的應用範例。透過這些範例，讀者將能夠看到ChatGPT在繪圖創作中的實際效果，並理解如何將其運用到自己的繪圖實踐中。

15-3-1 ChatGPT在Photoshop中的應用範例

　　在這一小節中，我們將探討如何在Adobe Photoshop中利用ChatGPT。Photoshop是一款極其強大的圖像處理軟體，常被用於照片編輯、圖像設計和數位藝術創作等方面。由於其功能豐富，對於初學者來說，掌握其操作可能會有些複雜。這時候，我們可以利用ChatGPT提供的指導來幫助我們學習和創作。

　　例如，我們可以詢問ChatGPT：「如何在Photoshop中調整圖像的色調？」或者「請教導我如何在Photoshop中進行照片的復原」。基於ChatGPT的學習經驗，它能夠給出明確而準確的指導，讓我們能夠更順利地使用Photoshop。

提示詞（**Prompt**）：

　　如何在Photoshop中調整圖像的色調？

ChatGPT回答畫面：

 在Photoshop中調整圖像的色調其實相當簡單，以下是一個基本的步驟教學：

1. **開啟圖片**: 首先，打開你想要編輯的圖片。
2. **選擇「圖像」選項**: 在主工具列的上方，選擇「圖像」，從下拉選單中選擇「調整」。
3. **選擇「色調/飽和度」**: 在「調整」的下拉選單中，選擇「色調/飽和度」，或者使用快捷鍵 `Ctrl + U`（Mac上是`Command + U`）。
4. **調整設定**:
   - **色調**: 可以讓你旋轉顏色輪，改變圖像的主要顏色。
   - **飽和度**: 增加或減少圖像的色彩強度。往右滑會使顏色更鮮豔，往左滑則會使顏色更柔和，直至完全是灰階。
   - **明亮度**: 增加或減少圖片的亮度。
5. **選擇特定的色彩範圍**: 在「色調/飽和度」視窗的頂部有一個下拉選單，默認為「主色」。你可以選擇特定的顏色範圍（如：紅色、綠色等）來對其進行單獨的調整。
6. **確認調整**: 當你滿意你的調整後，點選「確定」。
7. **儲存**: 最後，記得儲存你的圖片。選擇「檔案」>「儲存」或「儲存為」選擇你要的格式。

希望這些步驟能幫助你在Photoshop中成功調整圖像的色調！如果你還有其他問題或需要進一步的說明，請告訴我喔！

提示詞（Prompt）：

　　請教導我如何在Photoshop中進行照片的復原。

ChatGPT回答畫面：

 在Photoshop中進行照片復原，主要是用來修復古老或受損的照片，去除刮痕、污漬、摺痕等瑕疵。以下是一個基本的流程：

1. **掃描受損照片**: 如果你的照片是紙本，首先要將其掃描成數位檔案。
2. **開啟圖片**: 在Photoshop中開啟你的受損照片。
3. **建立一個新的圖層**: 在圖層面板中，點擊新建圖層的圖示。這樣你的編輯不會直接影響到原始圖片，方便後續調整或取消操作。
4. **使用工具進行修復**:
   - **點綴筆工具**: 這是一個非常有用的工具，可以快速修復小的瑕疵，如污點或小刮痕。選擇工具後，調整筆刷大小，然後按住 `Alt` 鍵選擇一個清潔的參考點，再點擊要修復的部分。
   - **修補工具**: 對於較大的區域，這個工具很有用。選擇你想要修復的區域，然後拖曳到一個清潔的參考區域。
   - **複製印章工具**: 這是一個比較進階的工具，可以複製一部分圖片並"印"到另一部分。按住 `Alt` 鍵選擇參考點，然後點擊或拖曳到要修復的部分。
5. **調整顏色和亮度**:
   - 如果老照片的顏色或亮度受到影響，你可以使用「圖像」>「調整」中的工具如「色調/飽和度」、「亮度/對比」等來進行調整。
6. **裁剪和旋轉**: 使用「裁剪工具」去除邊緣的受損區域或將照片旋轉到正確的方向。
7. **保存你的工作**: 完成修復後，選擇「檔案」>「儲存為」，選擇你要的格式和保存位置。

修復古老或受損的照片需要耐心和細緻的工作。隨著經驗的累積，你會更加熟練地使用上述工具和技巧。希望這些指南能幫助你成功地復原你的照片！如果還有其他問題，歡迎繼續詢問喔！

15-3-2 ChatGPT在Illustrator中的應用範例

Adobe Illustrator是一款專門用於建立向量圖像的軟體，適合用於製作標誌、插圖、動畫等。由於向量圖像可以無限放大而不會失真，因此，Illustrator常常被用於創作需要印刷或大尺寸顯示的設計作品。

當我們在使用Illustrator創作時，也可以利用ChatGPT來獲得技術指導或創作建議。例如，我們可以問ChatGPT：「我正在設計一款手機應用的圖標，你有什麼建議？」。ChatGPT會基於我們的問題，給出實用的答案和建議。

提示詞（Prompt）：

我正在設計一款手機應用的圖標，你有什麼建議？

ChatGPT回答畫面：

 設計手機應用的圖標是一項既具挑戰性又充滿創意的工作。一個好的圖標應該能快速且清楚地表達應用的功能或主題，並在應用商店中脫穎而出。以下是一些建議，希望能對你有所幫助：

1. **簡單明瞭**：圖標在手機上的呈現尺寸很小，所以避免設計過於複雜或細緻。保持設計簡潔，讓用戶能一眼就明白其代表的含義。

2. **獨特與辨識度**：你的圖標應該要容易被識別，且與其他應用有所區隔。思考你的應用的獨特賣點或功能，並嘗試將其融入圖標設計中。

3. **使用鮮明的顏色**：考慮使用對比色或鮮明的色彩來吸引用戶的注意力。但也要確保顏色與你的品牌或應用的性質相匹配。

4. **避免使用文字**：由於圖標尺寸有限，文字很容易變得難以辨識。如果真的需要，確保只使用少量的文字，且字體清晰易讀。

5. **考慮不同平台的指南**：不同的手機操作系統（如iOS、Android）可能有其設計指南或特定的要求。確保熟悉這些指南並遵循它們。

6. **測試在不同背景下的呈現**：用戶的桌面背景五花八門，確保你的圖標在多數背景下都能清晰顯示。

7. **保持彈性**：設計時應考慮到未來可能的變動或更新，使圖標設計具有一定的彈性，方便後續調整。

8. **徵求反饋**：在確定最終設計前，可以將圖標草稿展示給朋友、同事或目標受眾，徵求他們的意見和感受，從中獲得寶貴的反饋。

9. **使用專業工具**：使用如Adobe Illustrator、Sketch或其他矢量繪圖軟件，這些工具能讓你更容易調整圖標的大小而不失清晰度。

希望這些建議能幫助你設計出一個出色的手機應用圖標！如果你還有其他問題或需要更多的建議，請隨時告訴我喔！

15-3-3 ChatGPT在Procreate中的應用範例

Procreate是一款專為iPad設計的繪圖軟體，因其簡單易用的操作介面和強大的繪圖工具，受到許多數位藝術家的喜愛。

我們在使用Procreate創作時，也可以結合ChatGPT來提升我們的創作效率和水平。例如，我們可以問ChatGPT：「如何在Procreate中建立自訂筆刷？」或者「我想在Procreate中繪製一幅油畫風格的作品，請給我一些指導。」。

提示詞（Prompt）：

如何在Procreate中建立自訂筆刷？

ChatGPT回答畫面：

Procreate是一款在iPad上非常受歡迎的繪圖應用程式，它提供了很多筆刷選擇，但你也可以建立自訂的筆刷以適應你的特定需求。以下是在Procreate中建立自訂筆刷的基本步驟：

1. **開啟筆刷庫:** 在Procreate的主畫布介面上，點擊畫筆圖標打開你的筆刷庫。
2. **新增筆刷:** 在筆刷庫的右上角，你會看到一個「+」圖標，點擊它以新增一個新筆刷。
3. **設定筆刷形狀與紋理:**
    * **Shape Source:** 這是筆刷的主要形狀。你可以從Procreate提供的預設選擇，或點擊「插入照片」上傳自己的圖片作為筆刷形狀。
    * **Grain Source:** 這是筆刷的紋理。和形狀來源一樣，你也可以選擇預設或上傳自己的圖片。
4. **調整筆刷設定:** 在「筆刷設定」裡，你會看到很多可以調整的參數，如筆觸、動態、顏色等。根據你的需求逐一調整這些設定，直到筆刷達到你想要的效果。
5. **命名與儲存:** 在筆刷設定的頂部，你可以為你的筆刷命名。完成後，返回筆刷庫，你的新筆刷就會出現在列表中。
6. **測試筆刷:** 在畫布上測試你的新筆刷，看看它的效果如何，並根據需要進一步調整設定。

建立自訂筆刷可能需要一些時間來嘗試和調整，但這是一個非常有趣和有創意的過程。一旦你熟悉Procreate的筆刷設定，你就可以輕鬆地創建出適合自己風格的筆刷了。

希望這些步驟能幫助你在Procreate中成功建立自訂筆刷！如果你還有其他問題或需要進一步的說明，請告訴我喔！

CHAPTER

15

提示詞（**Prompt**）：

　　我想在Procreate中繪製一幅油畫風格的作品，請給我一些指導。

ChatGPT回答畫面：

 要在Procreate中繪製一幅油畫風格的作品，除了使用模擬油畫的筆刷外，你還需要掌握油畫的技巧和特點。以下是一些建議和步驟，幫助你在Procreate中創建油畫效果的作品：

1. **選擇適當的畫布:**
   * 建議選擇一個具有一定紋理的畫布，這樣畫面會更有油畫的質感。
2. **選擇油畫筆刷:**
   * Procreate有許多預設的筆刷，其中有些筆刷具有油畫效果，例如「藝術家」筆刷組中的筆刷。
   * 你也可以在Procreate的筆刷市場或其他平台尋找其他用戶分享的油畫筆刷。
3. **色彩選擇:**
   * 油畫通常使用濃郁且飽和的色彩，所以在色盤中選擇這種色彩。
4. **繪畫技巧:**
   * **從大到小:** 首先畫出畫面的大致輪廓和背景，再逐步繪製細節。
   * **顏色混合:** 利用筆刷的壓力和傾斜度模擬油畫中顏色的混合效果。你可以使用低透明度和不同的筆刷大小來達到這種效果。
   * **層次感:** 在油畫中，畫家經常使用厚重的顏料來增加作品的立體感。你可以模擬這種效果，透過在Procreate中增加筆刷的大小和減少筆刷的透明度。
5. **利用調整工具:**
   * Procreate的「調整」選項中有許多工具可以幫助你增強油畫效果，例如「顏色平衡」、「銳化」和「顏色濃度」等。
6. **最後的修飾:**
   * 在完成作品後，考慮添加一些油畫特有的細節，例如畫筆的痕跡、顏料的厚度等。

繪畫油畫風格的作品需要耐心和實踐，特別是當你試圖模擬在數位平台上的傳統藝術風格。但隨著時間的推移，你會發現自己在模仿油畫風格上越來越熟練。

　　這些範例僅僅是ChatGPT在繪圖軟體中應用的一部分。實際上，無論是哪種繪圖軟體，或者是哪種繪圖風格，我們都可以根據需要結合使用ChatGPT，來提升我們的創作效率和水平。

ChatGPT 常見問題與解答

就像任何新興技術一樣，使用ChatGPT時可能會遇到一些挑戰和疑問。在這個附錄中，我們將解答一些關於ChatGPT的常見問題和疑惑，這將幫助您更好地了解和運用ChatGPT技術和使用限制，克服可能遇到的困難，並在應用中取得更優異的成果。

問題1：ChatGPT是什麼？

ChatGPT是OpenAI開發的一種語言模型，它基於GPT-3或更高版本的技術。它能夠生成自然語言文字，理解並回答問題，寫文章或報告，甚至創作詩歌和故事。ChatGPT對於很多情境，包括客服、教育、娛樂和創作等領域都有廣泛的應用。

問題2：ChatGPT是如何工作的？

ChatGPT是基於機器學習的一種語言模型，它的訓練涵蓋兩個階段：預訓練和微調。在預訓練階段，模型學習如何預測句子中的下一個詞，這是透過大量的網路文字資料來進行學習。在微調階段，模型透過人類標記的特定資料集來進一步學習，這個資料集包括一對一對的問答，使得模型能更好地回答具體的問題。

問題3：我該如何使用ChatGPT？

ChatGPT可以透過API或應用程序來使用。開發者可以直接呼叫

OpenAI提供的API，將ChatGPT整合到自己的應用或服務中。另外，也有一些應用程序已經內置了ChatGPT，像是文字編輯器或者資料分析工具，我們可以直接在這些應用中使用ChatGPT的功能。

問題4：使用ChatGPT需要哪些硬體設備？

使用ChatGPT基本上不需要特殊的硬體設備。只要你有可以連接到網路的裝置，如電腦、手機或平板等，就能夠使用ChatGPT。這是因為ChatGPT實際上執行在雲端伺服器上，並透過網路提供服務。因此，使用者不需要擔心計算資源或儲存空間的問題。

問題5：使用ChatGPT是否安全？它會不會洩露我的個人資訊？

OpenAI對於用戶隱私的保護非常重視。在使用ChatGPT的過程中，OpenAI會遵循嚴格的隱私政策，並使用各種加密技術來保護用戶的資訊。此外，OpenAI也有明確的規定，不會使用ChatGPT來收集或分析用戶的個人資訊。因此，使用ChatGPT是相對安全的。

問題6：ChatGPT的應用範疇有哪些？

ChatGPT的應用範疇非常廣泛。在商業領域，它可以用於客戶服務，進行全天候的自動回答客戶問題，提供即時、準確的服務；在教育領域，它可以用於教學輔導，回答學生的問題，提供個性化的學習支援；在內容創作領域，它可以撰寫文章、創作故事、產生詩歌，甚至幫助編劇創作對白。此外，ChatGPT還可以用於資料分析、程式設計輔助等各種不同領域。

問題7：ChatGPT能理解所有的自然語言嗎？

ChatGPT主要是基於英文資料訓練的，因此對於英語的理解能力最強。不過，由於訓練資料中也包含其他語言的文字，ChatGPT對於一些其他語言，如法語、德語、西班牙語、中文等也有一定的理解能力。然而，

由於資料量和語言結構的差異，這種理解能力可能並不如英語強。

問題8：我該如何獲取ChatGPT的API？

你可以直接從OpenAI的官方網站獲取ChatGPT的API。OpenAI提供了詳細的API文件，包括如何設置、呼叫API，以及如何處理返回的結果等。只要遵循這些指南，即使是初學者也能夠容易地使用ChatGPT的API。

問題9：使用ChatGPT有哪些注意事項？

使用ChatGPT時需要注意一些事項。首先，雖然ChatGPT的生成能力很強，但它並不完全理解人類語言的全部含義，有時候可能會產生出不正確或不適當的內容。因此，我們需要對它的輸出保持警覺，並適當地進行檢查和調整。其次，雖然ChatGPT不會主動搜集或分析用戶的個人資訊，但我們還是應該避免向它提供敏感的個人資訊，以保護自己的隱私。

問題10：ChatGPT有哪些不足之處？

ChatGPT雖然強大，但也存在一些不足。例如，它可能會生成出不準確或不適當的內容；它的理解能力還不能達到完全理解人類語言的程度，尤其是對於一些複雜或抽象的概念；對於非英語的理解能力還有待提高；有時可能會產生出與之前內容不一致的回答等。但隨著技術的發展，這些問題有望逐漸得到改善。

問題11：ChatGPT有沒有專門的語言模型，比如中文模型？

在訓練時，ChatGPT確實接收了多語言的資料，包括中文。然而，由於資料的絕大部分是英語，因此它的英語理解能力相對更強。到目前為止（2023年8月），OpenAI並未針對特定語言發布特別的模型，如中文專用模型。如果需要使用特定語言的應用，可以透過給模型提供更多該語言的資料來進行微調。

問題12：我可以在哪裡找到使用ChatGPT的實際範例或者教學？

　　OpenAI的官方網站提供了使用ChatGPT的API和教學。除此之外，網路上有許多開發者和技術社區分享他們如何使用ChatGPT的經驗和實例，包括GitHub、Stack Overflow等平台。你可以在這些地方找到更多的資訊和支援。

問題13：使用ChatGPT是否需要付費？

　　OpenAI對ChatGPT的使用有一定的收費標準。具體的收費方式取決於你的使用情況，包括你的使用量、頻率等因素。對於非商業用途，OpenAI也有提供免費的使用選項。你可以參考OpenAI的官方網站，查詢更詳細的價格和條款。

問題14：如何避免ChatGPT生成不適當或者冒犯性的內容？

　　你可以使用OpenAI提供的模型行為控制參數來調節ChatGPT的行為。這些參數可以讓你設置一些限制，避免模型生成不適當或者冒犯性的內容。此外，你也可以對模型的輸出進行後處理，刪除或替換不適當的內容。不過，需要注意的是，這種方法並不能完全保證避免不適當的內容，可能還需要進一步的監管和調整。

問題15：ChatGPT在情感理解和回應方面的能力如何？

　　ChatGPT在理解和生成語言時，可以捕捉到一些基本的情感信息。例如，它可以區分悲傷和快樂的語境，並生成相應的回應。然而，你需要注意的是，ChatGPT並不具有真正的情感和情感理解能力，它的「理解」和「回應」完全來自於訓練資料中的模式，而非真正的情感經驗。因此，雖然它可以模仿情感的表達，但不能替代真正的人類情感交流。

　　以上是關於ChatGPT的一些常見問題與解答，希望能幫助大家對這項技術有更進一步的了解。未來在使用過程中如果遇到其他問題，都可以透過查詢OpenAI的官方文件或者參加相關的討論區來獲取解答。

ChatGPT 資源與工具推薦

在這個附錄中，我們將介紹優質的ChatGPT資源和工具推薦，無論您是尋求更多關於ChatGPT的學術資源，還是希望找到更便捷的ChatGPT工具來協助您的工作，本單元將為您提供最有價值的建議和推薦。

B-1 ChatGPT學術資源推薦

在這個部分，我們將介紹幾個重要的ChatGPT學術資源。這些資源包括但不限於OpenAI的官方文件、線上的學術論文和報告、以及一些優秀的博客文章和網路課程。

B-1-1 OpenAI的官方文件

OpenAI的官方文件庫是進行ChatGPT學習與理解的絕佳起點。該文件庫提供對ChatGPT模型的全方位剖析，包含訓練流程、模型結構以及API的應用方式等議題。藉由翻閱這些文件，使用者能獲得從基本理念到實際操作的詳盡資訊，對於想深入了解並實際建構ChatGPT應用的讀者來說，無疑是一個寶貴的知識庫。

例如，當你想了解ChatGPT如何進行句子生成時，你可以參考官方文件中對GPT模型的Transformer架構的介紹，從而了解其自然語言生成的

基礎機制。或者，如果你在專案中需要使用ChatGPT API，官方文件中對API使用的詳細步驟說明，將會是你最好的指南。

B-1-2 線上學術論文和報告

　　許多學術研究者和專家都投入對ChatGPT的深度研究，並將他們的研究成果公開於網路，形式可能包括學術論文或研究報告。這些資源對ChatGPT做了深度的剖析與評估，同時也對模型的優化方式、潛在問題，以及未來的研究趨勢等做了深度的探討。對於想進一步理解ChatGPT的學術背景和發展趨勢的讀者，這些資源堪稱為珍貴的學術寶庫。

　　舉例來說，你可能會在網路上找到一篇關於ChatGPT在教育領域應用的論文，該論文可能深入討論了使用ChatGPT進行自然語言處理的優勢，並指出一些目前存在的挑戰以及對未來的展望。

　　又或者你也可能找到一篇關於ChatGPT在金融領域的應用報告，透過實際案例分析，你可以了解到ChatGPT在這個領域具體的應用情境，如客戶服務、市場預測等。透過這些學術論文和報告，你將能獲取更深層的理解和視角，對於ChatGPT的應用和研究有更全面的把握。

B-1-3 部落格文章和網路課程

　　網路上的部落格文章和線上課程也是理解和學習ChatGPT的豐富資源。這些資訊內容來源包括全球各地的研究人員、工程師，甚至AI愛好者。他們憑藉自己的使用經驗和實踐知識，分享了許多實用的技巧、心得以及對複雜技術概念的解析。

　　例如，可能會有部落客分享如何使用ChatGPT進行創作寫作的技巧，透過他們的分享，你可以學習到如何調整模型參數以產生更符合你需求的文字，如何與模型進行互動以激發更多創意等。又或者你可能會在線上

課程中看到，有教師使用ChatGPT來輔助教學，透過模型的問答功能，增加學生的學習興趣和參與度。這些眞實案例的分享，不僅能讓你了解到ChatGPT的具體應用方式，也能爲你的實踐提供靈感和參考。

B-2 ChatGPT開發工具推薦

這一部分將介紹一些有助於ChatGPT開發的工具。這些工具涵蓋了從編碼和測試到部署和監控的各種工作流程。我們將介紹每個工具的主要功能和優點，以及如何使用這些工具來優化你的ChatGPT開發過程。

B-2-1 編碼和測試工具

在開發ChatGPT應用的過程中，編碼和測試是關鍵的步驟。首先，需要撰寫出執行正確，且能達成目標功能的程式碼，接著，透過測試來確認程式碼的正確性。在這個過程中，有一些實用工具可以提升我們的編碼效率並強化測試效能。

首先，我們來看看編碼工具。其中，整合開發環境（IDEs）是提升編碼效率的重要工具，例如PyCharm、Visual Studio Code等。這些IDEs提供了許多強大的功能，如自動完成、錯誤偵測等，能讓我們更有效率的編寫程式碼。另外，版本控制工具也是開發過程中不可或缺的一部分，例如Git，它可以幫助我們追蹤和管理程式碼的修改歷程，協助多人協作，並在出錯時能方便地回溯到之前的版本。

再來是測試工具。單元測試框架如Python的unittest，或JavaScript的Jest，可以幫助我們撰寫測試案例，驗證我們的程式碼是否如預期的那樣正確執行。除此之外，持續整合（CI，Continuous Integration）服務如Jenkins、Travis CI等，能讓我們在程式碼提交後自動進行測試，確保每次的修改都不會破壞原有的功能。

　　實際上，有些開發者可能會使用PyCharm爲ChatGPT撰寫應用程式，並使用Git來管理程式碼的版本。在程式碼完成後，他們會使用unittest撰寫測試案例，並用Travis CI設定自動測試，讓每次提交的程式碼都能經過測試，確保程式的品質。這些工具的使用，都能大大提升開發的效率和確保程式碼的品質。

B-2-2 部署工具

　　當你的ChatGPT應用程式開發完成且已通過各項測試，接下來就會進行部署到生產環境的階段。部署過程至關重要，因爲它將直接影響到你的應用程式的可用性和性能表現。因此，使用一套合適的部署工具，將有助於你順利地完成這項任務。

　　有許多值得推薦的部署工具，例如各大雲端服務平台和容器技術。雲端服務平台，如Amazon Web Services（AWS）、Google Cloud Platform（GCP）、Microsoft Azure等，能提供易於管理且可擴充的服務環境，讓你的應用程式能隨時因應需求調整運算資源，並提供全球用戶穩定的服務。

　　此外，容器技術，如Docker和Kubernetes，也是非常實用的部署工具。Docker能讓我們在一個隔離的環境中執行我們的應用程式，避免了因不同的執行環境而產生的問題。Kubernetes則可以幫助我們管理和擴充這些容器，確保我們的服務能夠穩定執行。

B-2-3 監控工具

　　當你的ChatGPT應用程式成功部署後，我們必須確保其持續正常執行，並了解其執行效能和使用狀態，以便進行優化調整。在此情況下，一套強大的監控工具就變得相當重要。

常見的監控工具如Grafana、Prometheus和ELK（Elasticsearch, Logstash, Kibana）等，能對你的ChatGPT應用進行即時監控，提供各種有用的統計資料和即時警報服務。例如，Prometheus是一個開源的監控和警報工具箱，它可以收集和儲存時間序列資料，如應用的CPU和記憶體使用情況。Grafana則能夠將這些資料視覺化，讓我們可以直觀地看到應用的執行情況。ELK則專門用於日誌分析，讓我們可以更好地理解應用的執行狀況和問題。

舉例來說，如果你在雲端環境中執行了一個基於ChatGPT的新聞摘要產生器，你可以透過Prometheus來收集各種執行資料，如請求數量、處理時間等，再透過Grafana將這些資料視覺化，方便你了解系統的執行狀態。此外，你也可以使用ELK來收集和分析系統的日誌資料，以便追蹤可能存在的問題。這些工具的使用，可以讓你更有效地監控和優化你的ChatGPT應用，提升其穩定性和效能。

B-3 ChatGPT應用實踐推薦

在這個部分，我們將分享一些ChatGPT的最佳應用實踐，包括在教育、娛樂、業務和科學研究等領域的案例。這些案例將呈現ChatGPT的多樣化應用，幫助讀者在自己的工作或研究中有效地運用ChatGPT。

B-3-1 ChatGPT在教育領域的應用

AI在教育領域的應用正快速崛起，其中，ChatGPT的角色顯得尤爲重要。它可以在各種教育情境中提供強大的輔助，包括提供智慧學習輔導、創造有趣的教學互動，以及提升線上學習的體驗。

以智慧學習輔導爲例，ChatGPT能夠回答學生的各種問題，從基礎的知識點到複雜的學術問題都能涵蓋，而且可以隨時隨地提供服務。比如，

有一款名叫「AI Tutor」的應用程式,就是使用ChatGPT來輔導學生學習數學和科學。這個AI Tutor可以即時解答學生的問題,甚至可以給出詳細的解題步驟和解析,不僅提高了學生的學習效率,也提高了他們的學習興趣。

在教學互動上,ChatGPT可以創造出有趣的對話情境,使學生在輕鬆的環境中學習知識。例如,有一個線上英語學習平台,就使用了ChatGPT來與學生進行自然對話,讓學生在與AI對話的過程中,無壓力地練習英語口語。

至於線上學習體驗的提升,ChatGPT能透過實時互動與個性化學習路徑來達成。一個例子是使用ChatGPT來提供個性化的學習推薦,根據學生的學習進度和偏好,給予適合的學習資源和建議,讓學習更加貼合每個學生的需求。

B-3-2 ChatGPT在娛樂領域的應用

ChatGPT在娛樂領域中的應用已經相當廣泛,從遊戲設計到互動故事編寫,都見證了其強大的文字生成與互動能力。

在遊戲設計方面,ChatGPT可以作為遊戲中的非玩家角色(NPC)與玩家進行自然語言對話,為玩家提供更豐富的遊戲互動體驗。例如,在一款名叫「AI Dungeon」的文字冒險遊戲中,ChatGPT就充當了遊戲敘述者的角色,根據玩家的選擇,生成相應的遊戲劇情,讓遊戲經驗變得更有深度與變化。

在互動故事創作方面,ChatGPT的出色文字生成能力使其成為了寫作的好幫手。例如,利用ChatGPT提供的故事情節建議,幫助使用者創作更生動、更有創意的故事。用戶只需提供一個故事主題或開始的情節,ChatGPT就能生成一連串的故事內容,甚至可以在用戶想要改變劇情時,提供新的劇情發展建議。

　　這些實例告訴我們，利用ChatGPT在娛樂領域創造新奇體驗的關鍵是理解並適應用戶的需求。只有這樣，ChatGPT才能真正爲用戶提供有價值和樂趣的體驗。從更廣泛的角度來看，這也呈現了AI技術對傳統娛樂產業的深度影響和創新價值。

B-3-3 ChatGPT在業務和科學研究領域的應用

　　ChatGPT不僅在教育和娛樂領域有著廣泛的應用，它同樣在商業和科學研究領域表現出色。從自動化客服、內部知識庫管理，到資料分析與研究支援，ChatGPT皆能帶來強大的助力。

　　在商業領域，ChatGPT可用於實現客服的自動化。例如，一家電商公司可以將ChatGPT訓練成一個能回答客戶問題的AI客服代表。它可以全天候無間斷的工作，回答關於產品、退貨政策或運費的問題，提高客服效率，並增強客戶服務的整體質量。

　　對於公司內部知識管理，ChatGPT也能發揮巨大作用。例如，一家技術公司可能有大量的技術文件和指南，透過將這些資訊輸入ChatGPT，員工就可以直接問AI找尋他們需要的資訊，而不必花時間在大量的文件中尋找。

　　在科學研究領域，ChatGPT可以作爲一個強大的資料分析和研究助手。例如，在公共衛生研究中，研究人員可以使用ChatGPT來分析大量的社交媒體貼文，找出公眾對特定衛生議題的看法和情感，從而幫助政策制定者做出更爲有根據的決策。

國家圖書館出版品預行編目(CIP)資料

ChatGPT在資訊科技的萬用技巧／數位新知著.
-- 初版. -- 臺北市：五南圖書出版股份有
限公司, 2024.01
面；　公分
ISBN 978-626-366-792-1(平裝)

1.CST: 人工智慧　2.CST: 機器學習
3.CST: 資訊科技

312.83　　　　　　　　　112019261

5R69

ChatGPT在資訊科技的萬用技巧

作　　　者 ─ 數位新知（526）

發 行 人 ─ 楊榮川

總 經 理 ─ 楊士清

總 編 輯 ─ 楊秀麗

副總編輯 ─ 王正華

責任編輯 ─ 張維文

封面設計 ─ 姚孝慈

出 版 者 ─ 五南圖書出版股份有限公司

地　　　址：106台北市大安區和平東路二段339號4樓

電　　　話：(02)2705-5066　　傳　　真：(02)2706-6100

網　　　址：https://www.wunan.com.tw

電子郵件：wunan@wunan.com.tw

劃撥帳號：01068953

戶　　　名：五南圖書出版股份有限公司

法律顧問　林勝安律師

出版日期　2024年1月初版一刷

定　　　價　新臺幣480元

經典永恆・名著常在

五十週年的獻禮 —— 經典名著文庫

五南，五十年了，半個世紀，人生旅程的一大半，走過來了。

思索著，邁向百年的未來歷程，能為知識界、文化學術界作些什麼？

在速食文化的生態下，有什麼值得讓人雋永品味的？

歷代經典・當今名著，經過時間的洗禮，千錘百鍊，流傳至今，光芒耀人；

不僅使我們能領悟前人的智慧，同時也增深加廣我們思考的深度與視野。

我們決心投入巨資，有計畫的系統梳選，成立「經典名著文庫」，

希望收入古今中外思想性的、充滿睿智與獨見的經典、名著。

這是一項理想性的、永續性的巨大出版工程。

不在意讀者的眾寡，只考慮它的學術價值，力求完整展現先哲思想的軌跡；

為知識界開啟一片智慧之窗，營造一座百花綻放的世界文明公園，

任君邀遊、取菁吸蜜、嘉惠學子！